CHALLENGING SUDOKU

200 VERY HARD SUDOKU PUZZLE

+ Solutions

FOR SHARP MINDS

ISBN: 9798862852929

Puzzle 1

				8	4	5		
		5				6		
1	8	4	5			9		2
	6			9				7
		2				3		
9				7			6	
7		3			8	1	2	9
		9				4		
		6	9	2				

Puzzle 2

7		3	2	8				1
9						3		
	6			7			4	
	5	2	4					
3	1						8	4
					8	2	3	
	3			6			9	
		1						6
6				2	5	4		3

Puzzle 3

		1	5		8	4	9	
			4					
9	4		7	1			6	
2				9				
	1	5				9	3	
				8				4
	7			5	1		8	9
					7			
	5	8	9		2	1		

Puzzle 4

						4		
2		7		6	1		8	
	5	1		8	3		7	
	6	5		2				
9								7
				9		1	5	
	4		8	5		7	6	
	7		9	1		8		4
		6						

Puzzle 5

3		4		8		9		
	6			1				
		5	4		9	7		
		7	6				9	
	1	3				8	7	
	9				1	4		
		6	8		4	2		
				5			8	
		9		6		3		7

Puzzle 6

7	6		8				4	
4		8	3			7		
2	9				1			
		7	2					1
1								7
5					7	4		
			1				6	4
		9			2	3		5
	4				6		7	2

Puzzle 7

			8					7
		4		3		5		
2			5		6		8	
		5	9		1			3
	1	6				8	4	
7			4		3	1		
	7		3		8			5
		1		7		2		
6					2			

Puzzle 8

	7						2	
2		4	6	1	9			
3					5	4		
4	6		9					1
			5		7			
5					1		3	2
		5	1					3
			3	9	2	5		6
	3						9	

Puzzle 9

	1	7			3	5		
		9		7	4	3		
			5				9	7
	8						6	
2		6				8		5
	5						3	
8	7				6			
		2	3	1		6		
		3	8			2	7	

Puzzle 10

		8		5				9
6		9		1				
	5		8			7	6	
7	9		2					1
		5				2		
8					4		7	5
	6	2			7		3	
				2		6		7
5				9		1		

Puzzle 11

4			9	8			5	
				4	7		3	1
2					6	4		
		3					8	
1	9						6	5
	5					3		
		7	6					9
8	6		4	9				
	4			3	1			6

Puzzle 12

9			4	5		3		
		6			1			
7	4		3					1
	5			7				3
	6		5		3		4	
2				9			1	
4					8		6	7
			9			1		
		2		1	5			4

Puzzle 13

	4	5			2			
3					5			
9	2		6				3	
	8			1	6		4	7
4				9				1
1	7		5	8			9	
	3				9		8	4
			8					2
			4			3	7	

Puzzle 14

		6		3		2	9	
					8			
	5			1	2	7	3	
	2			7		5		4
	9						7	
6		7		4			2	
	4	2	3	8			1	
			1					
	7	8		9		3		

Puzzle 15

	8	9		5				7
		7		6				
			9	3				4
		3	7			6	4	5
		6				9		
8	5	4			6	1		
1				7	3			
				1		2		
6				4		7	5	

Puzzle 16

	6	3	5					
5		4	1			8		
2	9		4					
	1	7			4	6		9
4		9	3			1	7	
					5		1	8
		2			1	7		3
					7	4	6	

Puzzle 17

		2			3	6		
4					2			5
9		1	5	4			8	
		8	4	3				
	4						3	
				8	9	7		
	3			9	4	5		8
1			6					2
		5	3			4		

Puzzle 18

	9		7	2				
	8		5	4		9		
2		1						
6	3		2		4			5
		4				3		
5			9		3		4	6
						5		8
		3		5	7		9	
				8	9		6	

Puzzle 19

3	5				1	9		
	2		5			4		
			9	8				3
		7		5				4
6			7		8			2
9				4		6		
8				9	4			
		3			5		4	
		4	8				3	9

Puzzle 20

			3		6		7	4
3	7	1				6		
5					8			
6		5		3			1	
			4		2			
	9			6		4		3
			7					2
		7				9	6	5
2	5		6		1			

Puzzle 21

5			3				1	6
		6		1	5			
1								2
	5	4			7		6	3
	6						7	
3	1		4			2	5	
6								9
			5	8		6		
7	2				4			5

Puzzle 22

	3				8		6	1
		2	1	7				
	8				3	9		
	4		8		7	2		
5								8
		8	6		1		9	
		6	3				4	
				9	6	5		
3	2		7				8	

Puzzle 23

		3		9				
	8		4	5				
9	6		1				4	8
6			2	7				
8	2			4			3	6
				6	1			5
7	9				4		1	2
				1	5		9	
				2		8		

Puzzle 24

		7	4					6
		9		6			5	
1	5		8		3	4		
						2	3	9
3								1
9	7	2						
		3	9		5		7	4
	4			2		9		
7					6	5		

Puzzle 25

	8	2		1	4			
	5		2				4	9
	4	8	5					7
9		7	8		1	3		4
5					7	8	1	
6	1				2		9	
			1	5		2	7	

Puzzle 26

					1		2	8
	3			5		7		
			8					3
1			2		9	3	6	
6		3				1		2
	2	7	1		6			4
4					5			
		6		9			4	
2	7		4					

Puzzle 27

1			5		6	7		
		4	2	6				
8			3		9	2		
7						9	3	
6								2
	4	8						6
		1	9		7			5
				8	4	3		
	8	9		3				7

Puzzle 28

3	9		8	7		2	4	
			4					9
		8					6	
1				6	5			
8			9	1	3			7
			2	8				6
	7					5		
5					2			
	8	2		5	7		1	4

Puzzle 29

				3	1		9	4
	3		4			6		1
		1	6					5
	7					9	5	
5								2
	9	3					7	
3					7	8		
6		2			3		1	
7	1		8	2				

Puzzle 30

2		4		1		8		
	7		6		2		3	4
		1					2	
	4	6						5
			9		6			
3						6	1	
	9					5		
1	2		4		8		6	
		3		7		4		1

Puzzle 31

1		3		9		2		
6				2	3		8	
							3	1
		2	9				4	
		1	5		2	8		
	3				4	5		
3	1							
	7		3	4				5
		9		8		4		3

Puzzle 32

	2	6	5				1	
		1			6			9
4			7				8	
		7	1	4			9	5
1	4			5	9	6		
	5				2			1
6			9			7		
	1				5	9	4	

Puzzle 33

		1			4	3	8	
		8	3	1		6	5	
	7			8				
		5						4
	4	6				7	2	
7						5		
				5			7	
	6	7		9	1	2		
	1	3	8			4		

Puzzle 34

	1		9					
			2		1		3	
3		7			4		1	
5		4				1		
6	3		8	1	5		4	2
		1				3		6
	9		3			4		1
	6		4		8			
					6		2	

Puzzle 35

	1			7	8	2	6	
		6					3	5
					6	8		1
6					5			
		4	2		3	1		
			7					2
4		5	6					
3	6					9		
	8	9	1	3			4	

Puzzle 36

9	6			4		1		
			3	8				
7		8		6				9
1	2		8			9		3
				5				
3		5			2		6	4
8				9		4		7
				3	8			
		9		2			8	5

Puzzle 37

8	4			5				
2	6	9			1			
		3	8					9
9			1		3			
4		5		8		3		6
			9		5			7
5					2	1		
			5			6	2	3
				1			7	5

Puzzle 38

	5		3			6		
6					9		2	
1		9	8	6				
4				7				2
	6	5		3		1	4	
9				5				3
				1	6	9		5
	9		4					6
		6			3		8	

Puzzle 39

6					9	8			2
9		2						4	
	1		4					9	6
			3						4
	9		8		1		6		
7					5				
2	5				4		3		
	3					1		9	
8			2	3				5	

Puzzle 40

		5	9		7	8	3	
		6						
	9	8			4	7		
9		2			8		5	
			7		2			
	6		3			1		8
		9	5			2	4	
						3		
	4	3	8		1	5		

Puzzle 41

				8				
				4			5	2
1		9			6	4	3	
	3			6		2		
7		2	1	3	8	5		6
		5		9			8	
	2	6	4			8		1
9	8			1				
				2				

Puzzle 42

			5	3		9		
		7			4			2
6			2			4	8	
		6	1	8			7	
8				5				9
	7			6	3	8		
	5	8			7			4
1			9			7		
		2		4	5			

Puzzle 43

7		6		2				5
		5	7					8
	1		6	5			9	
						5	6	9
5								3
3	6	1						
	5			8	7		3	
1					2	4		
4				1		9		6

Puzzle 44

	2	5		9	4			7
	4				1	9		
6			7				2	
		4			7	2		
9								1
		7	8			6		
	7				8			2
		6	1				3	
2			3	6		7	4	

Puzzle 45

	9				3			
		4	8		2	7		
7	2			4			6	
2				5	8	3		
	8						7	
		1	9	3				6
	6			8			3	7
		7	3		5	4		
			7				1	

Puzzle 46

					7	5	8		
7	1		3					9	
6			9			4			7
	2				7				9
		6				7			
9			5				8		
2		4			6				5
	6				4			2	1
		7	2	5					

Puzzle 47

				1			5	
	3	6	4			7		
8		5			7			
1			2	6		4	3	
	6						8	
	2	3		8	4			7
			5			3		6
		8			1	5	7	
	5			2				

Puzzle 48

		5	4		1	7	2	
4	7				3			
			6					
		6			4		8	1
		2	1		5	6		
1	4		3			9		
					6			
			5				7	3
	2	3	7		9	5		

Puzzle 49

	5				9			
8				1	3		6	
9		3			5			
	4	8		7				
2	9	7				5	4	1
				5		7	8	
			1			6		3
	1		4	9				8
			5				1	

Puzzle 50

		5	8			1		
	1	8						9
2	9		7					
			2		4		5	1
1		4				2		7
5	2		9		7			
					3		6	4
6						3	1	
		1			6	8		

Puzzle 51

2				8	3		5	4
		7	1				6	
			9					3
		3	4				9	
4			6	2	9			5
	9				5	6		
8					1			
	3				7	8		
1	7		8	3				9

Puzzle 52

1			8	2				3
	2	8	5				9	
	3							
	5	7		1	8			9
4								5
3			9	4		7	8	
							7	
	4				3	5	1	
9				5	4			8

Puzzle 53

	7	8	5		3			
	2						7	
6			2			9		
		7			9		3	4
2		6				5		9
3	8		1			6		
		2			5			1
	6						5	
			3		6	4	9	

Puzzle 54

5	8		7		1		6	
3		4						5
1								
7			3		5			
	5	1	2		8	6	9	
			1		4			8
								6
6						8		4
	1		8		6		7	9

Puzzle 55

6			8			5	7	
	7				3			4
	8			9			1	
7			3		9	6		
	5						4	
		8	6		2			7
	9			2			6	
1			9				2	
	6	5			8			9

Puzzle 56

8			6				1	3
					4			5
2				3		4		
		8	4	9		3		
	7		5	1	3		6	
		3		2	6	9		
		2		6				4
1			7					
3	6				1			8

Puzzle 57

9	8		4					1
7	1		2		8	3		
				7		4	3	
6	9		5		4		8	7
	7	8		2				
		5	6		2		1	8
1					5		4	2

Puzzle 58

			3	1	6		4	9
	3	1			5			
5	9			7				4
	1	4	5	8	9	6	2	
2				3			9	5
			2			5	3	
1	6		7	9	3			

Puzzle 59

								6
8		9	4				2	
	7		3			9	8	
3		8		4				
	1	7	6	2	5	8	4	
				9		5		7
	4	5			6		9	
	9				8	6		4
1								

Puzzle 60

	2		1	7				8
			4		2	5		
	3			8	9			
3		1				6	2	
	7						8	
	6	9				1		3
			2	1			9	
		7	5		8			
2				4	3		1	

Puzzle 61

	8		2	1	3			
3				4		6	1	
1		4		5	7			
	7							
8		2				1		5
							9	
			5	8		3		6
	6	8		7				2
			9	6	4		8	

Puzzle 62

		6						
4			6	2		7	8	
2				4		9	3	6
				3		8		4
			2		1			
7		3		8				
3	1	8		7				5
	7	4		1	6			8
						1		

Puzzle 63

4	6				1	7		3
			7				4	
				8		5		
9	2						5	
3		7	2		8	4		9
	4						1	2
		6		3				
	8				6			
2		3	8				9	4

Puzzle 64

5	3		1		6			
4		6		8		5		
			7					
9	4			6				2
		8	2		9	4		
2				5			3	9
					7			
		9		1		3		5
			3		8		2	7

Puzzle 65

	6	5	1					
				8	9		5	
9		1				6		
	7		3	6		1		
		6	4		5	8		
		9		1	8		3	
		4				9		2
	5		9	2				
					7	5	1	

Puzzle 66

7	6		9	3			5	8
	9	3		8				
4					5			
9	4					2		
	3						4	
		2					9	1
			3					2
				2		6	1	
2	5			1	6		8	4

Puzzle 67

7	3		2	5				4
5	1		7				9	
				3	9			5
	2					1		8
1		4					2	
4			8	9				
	6				1		3	9
9				2	6		8	1

Puzzle 68

3	8	7	5	2				
2	6		8					
				6			2	5
	5				9			8
			1	8	6			
8			3				9	
7	2			1				
					2		1	4
				3	8	9	7	2

Puzzle 69

3		6						7
				2			5	1
	5			4		2	6	
8			3				4	2
			2	8	4			
5	4				7			8
	3	8		9			2	
7	6			3				
2						3		6

Puzzle 70

		5		1				
7			6	2				
4	8				9		3	
1	6		2			8		
2	9						6	4
		7			6		2	3
	7		1				8	5
				3	4			7
				9		2		

Puzzle 71

		5	8			7	1	2
6				7		4		
			1					6
		2	3				5	
5	1						7	3
	3				1	2		
2					9			
		4		3				1
1	8	7			5	3		

Puzzle 72

	1	7	8		9			
	5	6	3			7		
8					4			
5	2		9		7			
		9				5		
			2		8		7	9
			1					3
		5			3	2	8	
			6		5	9	4	

Puzzle 73

3		2	8	9	1			
	7				6			9
9								
		6	3	5	4			7
7				8				4
5			1	2	7	6		
								3
4			5				2	
			7	4	3	5		1

Puzzle 74

		5		2	6			9
	9		7				1	
			3	8		4		
2	3	4						1
	6						3	
9						6	2	7
		9		3	2			
	2				1		4	
3			5	7		2		

Puzzle 75

7		9	6					1
5						9		
3	1	8	5			7		
8			3				7	
			1		2			
	7				6			3
		7			3	4	8	5
		4						6
1					4	2		7

Puzzle 76

9				2			3	1
	1	5		9	7	2		
						9		
3			2					
2	7		1		8		5	3
					9			6
		1						
		6	5	1		3	8	
5	2			8				7

Puzzle 77

		2		1			4	
9						1		
	7				5		2	6
3	2		1	6				4
	8						9	
4				8	3		1	5
8	1		5				3	
		4						8
	3			2		4		

Puzzle 78

		3			4		2	
	9		2			4		
			6				1	
	6	8	7			2	4	
		5	9	4	2	6		
	4	9			8	5	7	
	3				6			
		2			7		5	
	7		8			3		

Puzzle 79

				8	6			7
2	1				7	5		8
7		8						3
	5		8					9
			7		1			
6					5		3	
5						3		1
1		3	4				9	2
9			6	1				

Puzzle 80

		6	3				2	
		4	2			8		6
9				5				
7				3	5			8
8		5				6		2
6			8	1				7
				8				5
2		1			3	7		
	5				9	3		

Puzzle 81

					9		8		
8		9	3		5			
5		6	8	4				9
		4						2
	1	2				4	6	
9						3		
2				6	4	9		8
			1		9	5		4
		8		3				

Puzzle 82

	2		5			7	9	
					7	3		1
	9				3		8	2
		1			9	8		
	8						1	
		5	7			9		
8	1		9				4	
9		2	4					
	3	4			6		2	

Puzzle 83

3	6	8						1
		7		1	3			
		4	5					
6			7		9	1		3
	3						6	
7		1	2		6			5
					2	4		
			1	7		9		
8						2	5	7

Puzzle 84

5	2				1			
1			6					
	6	4			2	7	1	
6						3	7	
	1		9		7		4	
	5	7						2
	3	6	1			9	2	
					9			8
			3				6	1

Puzzle 85

			9		8	6		
1				5			2	
5			4					3
3		1	5	9				
9	2						1	5
				8	2	9		6
6					1			8
	7			3				1
		4	8		5			

Puzzle 86

	9	6	8		3			
1	8					4		2
				6				
		4	6				9	7
9			3		8			4
3	7				9	5		
				8				
7		1					4	8
			5		4	9	7	

Puzzle 87

				8	2	4	7	
		3	1	6		5		9
								6
	6	1	8					
	4	9				2	6	
					9	1	4	
5								
8		4		9	6	7		
	1	6	4	7				

Puzzle 88

1	8	6		3	5			
7			1					2
		2			4	1		
					2	7	1	
8								4
	7	1	6					
		4	8			5		
2					1			9
			3	4		2	8	6

Puzzle 89

	7		3					9
					7			
	3	1	8	4	5		2	
		9			2		6	
		8	6		4	9		
	5		7			8		
	9		2	1	8	7	5	
			4					
2					3		4	

Puzzle 90

7					4	5			9
							2		
		8	9			3		4	6
							8	2	
	8	2	6			4	9	1	
	5	7							
8	3		4			1	6		
		4							
2			7	5					4

Puzzle 91

	2	3				6	7	8
1	7				6			
				5			3	
	4		9	1				
		5	6		2	7		
				7	3		1	
	9			2				
			1				8	9
4	3	1				5	2	

Puzzle 92

		8		7		2		
	1				2		8	
3	2		8		1	4		
			4	6				5
		4				1		
6				8	5			
		5	7		9		4	2
	3		5				7	
		9		1		5		

Puzzle 93

3		2		4				8
			9				1	
5				3		7		2
			4	8		9		5
			2		1			
9		8		6	7			
8		4		7				9
	3				4			
6				1		2		4

Puzzle 94

	2				1		5		
			8					9	
9	4		6		2	7			
	1					2	7	4
		4				6		
7	9	6					8	
		2	3		4		5	7
	8				5			
		5		6			2	

Puzzle 95

		5	3					
		8				9		2
9			8	2		6		
		1	6			7	8	
	4		1		2		9	
	5	3			7	2		
		2		3	8			7
5		9				1		
					5	8		

Puzzle 96

2					9	7			5
	6		8						
			5				3	4	
			2	6			7	5	3
	3							9	
5	7	9		8	3				
	1	6			2				
					8			3	
3			1	7					4

Puzzle 97

		5	9	6			2	
	1				5		8	3
7					1		9	
8					9	2		
	6						7	
		7	5					4
	3		8					2
9	7		1				5	
	5			9	6	1		

Puzzle 98

			4	7		2		1
1	4					8		
			1		3		5	
	5					9	1	7
	8			4			6	
7	6	9					8	
	1		3		5			
		3					2	5
4		5		6	7			

Puzzle 99

5	6							2
	2		9					5
		9	7		5	1		
3	8		4					
	7		8		2		6	
					7		9	8
		2	1		3	6		
6					8		1	
4							5	7

Puzzle 100

			7	8		2		
							7	
		7	1		4	8	9	
9	7		8	6				4
		2				1		
1				9	2		5	7
	3	1	2		9	7		
	5							
		4		3	8			

Puzzle 101

7	2	3	8					
	5	9		2				
	1			7				
		7			5		3	4
1		5				7		9
2	9		7			5		
				5			9	
				4		1	6	
					1	3	7	5

Puzzle 102

4		9		1		8		3
					9	2	4	
								1
3	9		2	7	4	6		
				5				
		2	1	6	3		5	9
5								
	1	3	6					
9		8		2		1		7

Puzzle 103

	3	5	9		8			1
6	9	2						
4	8			6				
	4				7			
5	6						1	8
			6				9	
				8			4	7
						5	2	3
3			7		5	6	8	

Puzzle 104

		6		3		2	9	
					8			
	5			1	2	7	3	
	2			7		5		4
	9						7	
6		7		4			2	
	4	2	3	8			1	
			1					
	7	8		9		3		

Puzzle 105

	9	5						
	6			9				
1	8		7	2	3	5		
			3				1	7
	1	3				8	4	
6	7				1			
		6	9	5	8		7	1
				1			6	
						9	5	

Puzzle 106

		7	6	3		5	4	
				2	1	8		9
						3		
	2	5			4	6		7
8		4	5			9	1	
		8						
1		3	7	4				
	5	2		1	3	7		

Puzzle 107

			1				4	
		7			6			1
1				8		3	6	9
		9	6			8	7	4
4	3	8			9	1		
2	1	4		5				7
8			9			4		
	7				4			

Puzzle 108

3	6		8					
9		5		1	2			4
	4			7			8	
			1			3		
	1	3				2	7	
		9			7			
	9			8			2	
8			7	9		5		1
					1		9	7

Puzzle 109

6					3	2		
	4	3					6	
		1	9	8		3		4
9		2					4	
4								6
	8					1		9
7		4		9	1	8		
	3					6	9	
		9	7					2

Puzzle 110

		7					6	
8		6		9	2			4
1	2				6			
					9	8	2	
	7		2		5		1	
	4	8	7					
			9				3	2
7			6	1		9		5
	9					1		

Puzzle 111

					1		2	8
	3			5		7		
			8					3
1			2		9	3	6	
6		3				1		2
	2	7	1		6			4
4					5			
		6		9			4	
2	7		4					

Puzzle 112

7					3	9		
	4		5					7
	3	6						8
	6	3	9			5		
4	7						8	3
		2			6	4	7	
1						7	9	
6					1		3	
		4	8					5

Puzzle 113

		6					8	
		4	9			5		
	3				5	6		7
		9	1	8		3		5
3				5				2
6		2		3	9	8		
4		3	2				5	
		5			6	2		
	6					1		

Puzzle 114

			3				8	
1								4
	3		5		9	2		1
		6		9			5	3
7			8		3			6
3	4			5		7		
2		3	9		8		1	
6								9
	1				5			

Puzzle 115

				8	4	5		
		5				6		
1	8	4	5			9		2
	6			9				7
		2				3		
9				7			6	
7		3			8	1	2	9
		9				4		
		6	9	2				

Puzzle 116

	4		2			3		
	9	3	4					
2			1				4	5
					5	6		2
		2	8		1	4		
8		5	6					
6	2				3			4
					8	2	7	
		1			2		3	

Puzzle 117

	9		4			6	7	
				8			5	9
6	5		1					
5	4	9						3
8								4
2						5	9	7
					3		4	6
7	8			2				
	3	4			1		8	

Puzzle 118

				4		6	3	
			5					1
8			3	9		4		7
		5				9		2
	2		9		5		8	
9		4				5		
5		7		6	9			8
2					1			
	1	9		3				

Puzzle 119

	5		2	3			8	6
	6		8		4		2	
						9		
		6			5		1	
5	8						6	2
	4		7			5		
		4						
	9		4		6		3	
8	1			9	2		4	

Puzzle 120

			1	6	5			7
	1	4						
	8		7		4			1
	2			4		5		
		9	2		1	6		
		8		5			1	
2			4		7		6	
						1	2	
4			3	1	2			

Puzzle 121

			5			4	3	
8	5			4				6
4		2		3			5	7
			7				6	
		7		1		9		
	6				3			
3	4			7		6		9
7				9			1	4
	9	1			5			

Puzzle 122

	4		6					5
	6	2	7				9	4
9						1		
2	8			1		4		
		5				9		
		6		2			7	8
		4						7
3	7				6	2	4	
6					4		3	

Puzzle 123

5			9				6	2
	9	1		2	6	7		
			1					
					8		2	
1		6	2		4	9		7
	5		3					
					2			
		2	4	3		6	7	
4	6				9			8

Puzzle 124

		9				8	7	6
8	4		1				9	
						1		
		1	4	5				
3		4	7		9	5		8
				3	1	4		
		8						
	5				7		8	1
4	7	2				3		

Puzzle 125

	7			3	6			
4		8	1					
3	1			4				5
6					2		4	9
			9		7			
5	8		4					7
8				2			3	6
					1	7		4
			3	9			5	

Puzzle 126

3						6	2	
		6	3				8	9
	9		6		4			
	6	5		4				2
2								4
1				5		9	3	
			2		7		4	
4	3				8	2		
	7	2						8

Puzzle 127

		2	4	8				
5		9		7	6			
	4				9			
6					4		3	
4		8	9		3	2		1
	1		7					4
			2				8	
			5	4		7		3
				3	8	1		

Puzzle 128

	6					5		7
			5	2			4	
	4	3		1				
9			6		1			8
	7		9		5		1	
3			2		8			4
				5		8	6	
	8			9	2			
4		5					3	

Puzzle 129

9		1		3		4		7
7				9				
5	4			7	8			
					9		4	
1			5	4	7			2
	9		2					
			7	5			3	6
				2				1
6		7		1		2		4

Puzzle 130

7		2			9	4	8	
				8	6			2
		1	7					3
	3				5			8
1								4
2			4				7	
3					7	8		
8			6	4				
	7	6	2			9		1

Puzzle 131

			5				9	
		2			3	8		1
				1		2		4
			9		7	6		5
	5		1	4	8		3	
3		1	6		5			
1		7		6				
8		6	3			1		
	4				1			

Puzzle 132

	3			5	1			
		8	4					
7		1	6	9			4	
	5	4				1		8
1								3
6		3				5	2	
	1			4	6	8		9
					2	7		
			8	7			1	

Puzzle 133

			5	3		9		
		7			4			2
6			2			4	8	
		6	1	8			7	
8				5				9
	7			6	3	8		
	5	8			7			4
1			9			7		
		2		4	5			

Puzzle 134

	2			9	4		1	6
	4							5
				1	7		8	
				3			6	9
		9	4		1	5		
4	3			5				
	8		1	2				
7							3	
5	9		8	7			4	

Puzzle 135

		6			3		9	
5					1		3	
1				5				
	7				8		5	
8	5	1	3		4	6	7	9
	4		5				2	
				9				3
	8		4					2
	1		2			7		

Puzzle 136

	7	4		8			3	
							6	
6			1			8		
	2		4	7	8			
	4	8	5	6	9	3	7	
			3	2	1		9	
		5			3			7
	9							
	8			4		6	5	

Puzzle 137

			3					5
3	6						1	
				1	4			
6					2	3	8	
1	7	3	8	4	5	6	2	9
	2	8	6					7
			9	8				
	5						9	3
8					7			

Puzzle 138

	1		6		5			8
8			4				6	7
6				8				
5		2					4	
4	6						7	2
	7					5		1
				6				5
9	5				8			4
2			5		1		3	

Puzzle 139

			7	2			9	
				9		5	2	
9	7			1	8			3
6					2	4		
	8						5	
		4	8					2
7			9	8			3	4
	2	8		6				
	3			4	7			

Puzzle 140

		3	5		1			7
				4	9	1		
	2						5	
4				5		9		
	3	9	4		2	5	8	
		7		6				4
	7						4	
		5	8	9				
2			7		6	8		

Puzzle 141

8				1				3
	4			3		9		5
	7		2				4	
9				7			3	
	6		3		1		9	
	3			5				7
	8				3		5	
5		4		8			6	
3				2				1

Puzzle 142

					5		4	
5	8						7	
		9	8		7	3	5	1
6				9		7		
	2						9	
		1		8				3
9	7	6	3		1	2		
	4						3	5
	3		2					

Puzzle 143

	4	8			5			
	5			6				
		7	1		9		5	
5	9	4				6		
		1	5		6	2		
		6				5	4	1
	8		7		2	4		
				1			2	
			9			7	3	

Puzzle 144

9		3			8			
7			9		2		8	
2			4			5		
6		9	2					
4	8						1	6
					4	8		5
		4			7			8
	7		3		6			4
			8			7		3

Puzzle 145

2			7	8				
1	3		4		5	8	9	
					1	5		
				7			3	
	6		5		4		7	
	9			1				
		1	9					
	7	8	1		3		5	9
				6	7			4

Puzzle 146

			2		7			9
				5		6	7	
	7			9		5	2	8
		3				2	6	
8								4
	9	7				8		
7	8	1		2			3	
	6	9		3				
4			6		9			

Puzzle 147

			5		2		6	
	4	6		9				3
	5		6	4			9	
	9		8			4		
4				2				7
		2			1		3	
	2			5	9		7	
5				8		3	4	
	8		3		4			

Puzzle 148

8								4
				1	7	2		
6			8	4		3	7	
2		8		3	9			
	6						8	
			4	8		1		3
	7	2		6	4			5
		3	5	9				
5								1

Puzzle 149

					6		8	9
			1	9	8	3	5	
9			5					2
		4		6				
7	3			8			9	4
				5		8		
4					3			6
	1	6	9	4	2			
3	2		6					

Puzzle 150

			9				7	
9	1		3			4	5	2
		7						1
		2	7	6				4
		1				5		
8				1	4	2		
4						1		
1	2	5			9		6	8
	6				2			

Puzzle 151

		6				1	3	5
	8		3				4	
3		1		2				
7			8	3	6			
		5		7		3		
			4	5	9			8
				4		9		6
	5				3		2	
6	7	2				4		

Puzzle 152

					2	8		4
	9			1				5
	1	8	7	5				
	3		6					7
	7	4				1	8	
6					1		3	
				4	5	7	2	
7				6			4	
1		3	2					

Puzzle 153

7	6	4			1			9
			7					4
	5						3	
		6	1		2		5	
5	1						4	7
	8		9		4	6		
	3						7	
6					7			
8			3			2	9	6

Puzzle 154

1				6				
	3	7		4			2	
9	4		1		2	5		
4	6		9					
			4	2	5			
					1		5	4
		4	2		8		1	9
	1			9		7	8	
				1				2

Puzzle 155

7	4							
		2	3	4			5	9
		5		2	6			
	1	9					6	
3			9		8			1
	7					9	3	
			6	7		8		
4	2			8	9	3		
							4	6

Puzzle 156

		5	1		6		4	8
				9			1	
	8				5	2		
			3	4	8	5		
3				5				7
		1	7	6	9			
		4	6				3	
	1			3				
2	7		9		4	1		

Puzzle 157

5					1				8	3
3	1			7	6					
		9			5					2
		4		6						
7				2		1				4
						5	8			
6					3		2			
					2	6			4	9
2	9				7					8

Puzzle 158

3					5				1
	1	2	7		6	3		9
			1			4		
		9	2				6	3
			9					
2	6				8	5		
		5			3			
7		6	9		4	1	3	
9				6				2

Puzzle 159

								2
6	2		9	7				
	7	8		5	2	9		
			3	6	7			9
		9				6		
7			5	9	1			
		3	4	1		8	6	
				3	8		2	1
1								

Puzzle 160

1		2				3	9	
					9			7
			5	2	4	8		1
2		5						
	8		7		5		2	
						5		3
3		7	4	8	6			
6			1					
	9	1				4		6

Puzzle 161

6					7				8
				4			5		
7	3			6	8				1
	8			9		4		2	7
4	6			8		7		5	
8					1	6		9	4
		7				8			
2				4					5

Puzzle 162

7	2		5		9			6
					4			2
4	3			1			5	
2		8		5	1			
			8	9		6		3
	8			4			3	1
5			9					
3			1		5		6	9

Puzzle 163

			7	5	9			
	7							9
9	2	8			6			5
	4				8		5	2
		7				3		
3	5		1				9	
6			2			9	1	3
7							2	
			4	9	3			

Puzzle 164

4			5		3	2		7
			9			5		
		8			2	6		4
6	2		4					
		5				3		
					8		4	6
9		2	8			7		
		4			7			
7		1	6		5			2

Puzzle 165

2		8				6		
			7				8	
	6		8			9		2
4				8	7		2	
	8		4		3		1	
	7		9	6				4
3		5			4		9	
	4				9			
		7				4		5

Puzzle 166

8	6		4		3			5
		3		8				
					6			
2		5	3				1	
4	3		2		1		8	6
	1				4	5		2
			6					
				7		9		
3			9		5		7	1

Puzzle 167

5			9					
8	6		1			5		2
2		4			6			3
			8	1				
		8	3		7	9		
				6	9			
9			7			2		4
7		3			4		1	6
					8			9

Puzzle 168

9		7	5		3			
	5					3		
		6	8		7	4		
8		9				6	4	3
				7				
5	2	4				1		9
		2	7		8	9		
		3					1	
			4		2	7		6

Puzzle 169

3						2	8	1
		5			1			
			8			6		
5		2		1			7	4
7			6		5			2
4	9			2		3		6
		3			6			
			1			4		
1	2	4						9

Puzzle 170

		3	4					9
	1			9		8	4	
		6	8			1		2
	2	4		3				8
7				2		3	9	
5		7			8	9		
	8	9		6			5	
3					9	7		

Puzzle 171

3		9		2			8	
		7	8		6			
	5		9	3			7	
	7		5	9			2	
	8			7	1		6	
	2			4	9		1	
			1		7	4		
	9			5		8		7

Puzzle 172

			1				4	6
	1				4		9	
	8			9		2	1	
	6				8			4
8	3			1			6	2
5			2				3	
	9	2		5			7	
	7		9				8	
1	5				7			

Puzzle 173

6				4	3	2		1
3		2			8			
	1						3	7
				5		7		
9	2						5	6
		6		2				
7	8						2	
			6			1		3
2		3	5	1				8

Puzzle 174

							2	4
6	1				3			
		5		9			6	3
2	4	7		3				8
	8						3	
1				2		7	4	5
7	5			6		9		
			5				1	7
9	3							

Puzzle 175

	9						2	8
	5	8	4	2				
1					8		3	
	3			8		1		
		4	9		5	2		
		5		1			4	
	4		5					2
				4	1	9	6	
3	6						5	

Puzzle 176

	6					2		
9	4			6	5		7	3
	7	5	2			6		
		9	7	5				
				1	6	5		
		1			8	7	6	
8	2		5	9			3	1
		7					9	

Puzzle 177

1						2		
4		5				1		6
	9				1		4	
5	2		1			7		
		1	5		7	6		
		6			2		3	1
	6		7				1	
8		3				4		5
		4						2

Puzzle 178

4					5	6		
	9							4
		5					2	8
6		4		5			3	2
		8	3		6	4		
1	5			4		9		7
3	8					7		
5							8	
		1	7					3

Puzzle 179

				3		2		5
			6				7	
	7		2	5	1	6		
		1		4				6
3			8		2			7
7				9		8		
		7	5	6	3		9	
	4				8			
8		6		7				

Puzzle 180

			8			5		
			2				7	
6	9			4	5	3		
7				3		2	4	8
			5	8	4			
3	4	8		2				9
		6	3	1			9	5
	3				8			
		1			2			

Puzzle 181

2			8	4		7		
	3				9	1	2	8
						4		
	4	2						
	8	1	7		3	6	4	
						8	5	
		3						
1	2	5	4				6	
		8		7	5			4

Puzzle 182

7								
6	5			2	3			
		8	5	7		9		3
	6	7			5			4
	3						8	
2			7			5	1	
3		1		5	7	4		
			3	4			6	8
								5

Puzzle 183

9	3		8		2			
					3			7
	4		6		1	2		
4	8	2			9			
6								2
			2			4	7	6
		8	1		4		5	
3			9					
			3		6		4	9

Puzzle 184

		4	8	6	7			9
5				1	4			
					5	3		
		7	5				9	
4	1						2	8
	9				8	5		
		3	4					
			1	5				6
1			6	7	9	2		

Puzzle 185

		4			3			
1	8	6	5		7			
	9			1			6	5
	3	5						2
		2				7		
8						4	5	
3	2			9			4	
			8		4	3	2	7
			3			1		

Puzzle 186

	1		3					8
2		7						
	3	4			9	5		
1	7	2	8	6				
5								4
				9	5	7	1	6
		6	5			1	7	
						8		3
7					2		6	

Puzzle 187

	9			8	3	5		6
			1		2	4	9	
					9			1
				6			4	2
		8		7		9		
9	6			3				
8			4					
	2	9	3		7			
6		4	8	2			3	

Puzzle 188

3			4		9			
6	5			7		3	1	4
8		7						
					5		8	
		5	7		8	4		
	3		1					
						7		9
5	9	4		1			2	3
			9		4			1

Puzzle 189

1							3	6
3		6		8				
	9			6		7		
7			9				4	5
	5		6		7		2	
4	6				5			7
		4		7			1	
				1		2		3
9	1							8

Puzzle 190

2					5		1	9
			9		3	6		
				2	6	8		
4		9	5		8			
	8						9	
			1		9	5		6
		2	6	9				
		7	3		2			
3	9		8					4

Puzzle 191

				3	8	7	2	
				5			9	
	6	3	7	9				
		4	5			2		
	7	8		4		5	3	
		6			3	9		
				8	6	4	7	
	4			2				
	3	9	4	1				

Puzzle 192

		2		1			4	
9						1		
	7				5		2	6
3	2		1	6				4
	8						9	
4				8	3		1	5
8	1		5				3	
		4						8
	3			2		4		

Puzzle 193

		1		3	7			9
3		7			5	8		
	5	8	9					
						1	5	
	7	5				9	6	
	1	2						
					8	4	3	
		4	2			7		6
5			7	6		2		

Puzzle 194

							9	
4	9					6	2	
		1		9	2			8
5		9	3			4	7	
	2			6			1	
	6	3			9	8		2
9			6	3		7		
	7	6					3	9
	4							

Puzzle 195

3			5	9			8	
		8			7		4	
5					2			1
		6			5		2	7
	2						5	
4	9		7			1		
8			2					5
	7		4			2		
	5			7	6			3

Puzzle 196

	9			4	6			
8		4			3			
	3		8			5		
	2	5				4		
6	4	9				7	1	8
		3				6	5	
		1			8		7	
			3			1		4
			9	6			2	

Puzzle 197

3			4				7	
8	4					2		6
				7	9			3
	7	8			5		4	
		5				6		
	2		1			7	5	
7			3	6				
9		6					1	7
	5				7			4

Puzzle 198

1	4				9			
	8	6		5				2
5		2	7					
6			4			8		9
		8				7		
4		9			5			3
					4	2		7
8				6		9	5	
			9				3	1

Puzzle 199

			9			8		4
2	4			7	5		1	3
				1			5	
		2					3	8
			2		7			
8	6					5		
	5			6				
6	2		5	3			4	1
3		8			1			

Puzzle 200

6		8	1	2				
1					8			2
5			4	6			9	
8							4	
		3	5		2	1		
	1							5
	8			9	5			7
2			6					9
				1	4	5		6

PUZZLE SOLUTIONS

1

6	9	7	2	8	4	5	1	3
2	3	5	7	1	9	6	4	8
1	8	4	5	3	6	9	7	2
3	6	1	4	9	2	8	5	7
5	7	2	8	6	1	3	9	4
9	4	8	3	7	5	2	6	1
7	5	3	6	4	8	1	2	9
8	2	9	1	5	7	4	3	6
4	1	6	9	2	3	7	8	5

2

7	4	3	2	8	9	6	5	1
9	2	5	1	4	6	3	7	8
1	6	8	5	7	3	9	4	2
8	5	2	4	3	7	1	6	9
3	1	6	9	5	2	7	8	4
4	9	7	6	1	8	2	3	5
2	3	4	8	6	1	5	9	7
5	7	1	3	9	4	8	2	6
6	8	9	7	2	5	4	1	3

3

7	3	1	5	6	8	4	9	2
5	8	6	4	2	9	3	7	1
9	4	2	7	1	3	8	6	5
2	6	4	3	9	5	7	1	8
8	1	5	2	7	4	9	3	6
3	9	7	1	8	6	5	2	4
4	7	3	6	5	1	2	8	9
1	2	9	8	4	7	6	5	3
6	5	8	9	3	2	1	4	7

4

6	3	8	5	7	9	4	1	2
2	9	7	4	6	1	5	8	3
4	5	1	2	8	3	9	7	6
1	6	5	7	2	8	3	4	9
9	8	4	1	3	5	6	2	7
7	2	3	6	9	4	1	5	8
3	4	9	8	5	2	7	6	1
5	7	2	9	1	6	8	3	4
8	1	6	3	4	7	2	9	5

5

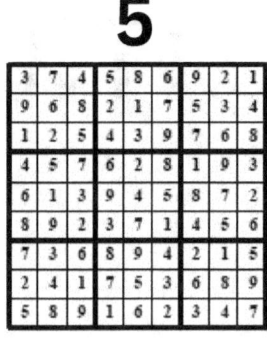

3	7	4	5	8	6	9	2	1
9	6	8	2	1	7	5	3	4
1	2	5	4	3	9	7	6	8
4	5	7	6	2	8	1	9	3
6	1	3	9	4	5	8	7	2
8	9	2	3	7	1	4	5	6
7	3	6	8	9	4	2	1	5
2	4	1	7	5	3	6	8	9
5	8	9	1	6	2	3	4	7

6

7	6	5	8	2	9	1	4	3
4	1	8	3	6	5	7	2	9
2	9	3	7	4	1	5	8	6
9	8	7	2	3	4	6	5	1
1	3	4	6	5	8	2	9	7
5	2	6	9	1	7	4	3	8
8	5	2	1	7	3	9	6	4
6	7	9	4	8	2	3	1	5
3	4	1	5	9	6	8	7	2

7

5	6	9	8	1	4	3	2	7
1	8	4	2	3	7	5	9	6
2	3	7	5	9	6	4	8	1
4	2	5	9	8	1	7	6	3
3	1	6	7	2	5	8	4	9
7	9	8	4	6	3	1	5	2
9	7	2	3	4	8	6	1	5
8	5	1	6	7	9	2	3	4
6	4	3	1	5	2	9	7	8

8

1	7	9	8	4	3	6	2	5
2	5	4	6	1	9	3	8	7
3	8	6	2	7	5	4	1	9
4	6	3	9	2	8	7	5	1
8	2	1	5	3	7	9	6	4
5	9	7	4	6	1	8	3	2
9	4	5	1	8	6	2	7	3
7	1	8	3	9	2	5	4	6
6	3	2	7	5	4	1	9	8

9

6	1	7	9	8	3	5	2	4
5	2	9	1	7	4	3	8	6
4	3	8	5	6	2	1	9	7
3	8	1	4	5	9	7	6	2
2	9	6	7	3	1	8	4	5
7	5	4	6	2	8	9	3	1
8	7	5	2	9	6	4	1	3
9	4	2	3	1	7	6	5	8
1	6	3	8	4	5	2	7	9

10

2	3	8	7	5	6	4	1	9
6	7	9	4	1	2	8	5	3
1	5	4	8	3	9	7	6	2
7	9	6	2	8	5	3	4	1
3	4	5	9	7	1	2	8	6
8	2	1	3	6	4	9	7	5
9	6	2	1	4	7	5	3	8
4	1	3	5	2	8	6	9	7
5	8	7	6	9	3	1	2	4

11

4	7	1	9	8	3	6	5	2
5	8	6	2	4	7	9	3	1
2	3	9	1	5	6	4	7	8
7	2	3	5	6	9	1	8	4
1	9	8	3	7	4	2	6	5
6	5	4	8	1	2	3	9	7
3	1	7	6	2	8	5	4	9
8	6	2	4	9	5	7	1	3
9	4	5	7	3	1	8	2	6

12

9	2	1	4	5	7	3	8	6
5	3	6	8	2	1	4	7	9
7	4	8	3	6	9	2	5	1
8	5	4	1	7	2	6	9	3
1	6	9	5	8	3	7	4	2
2	7	3	6	9	4	5	1	8
4	1	5	2	3	8	9	6	7
3	8	7	9	4	6	1	2	5
6	9	2	7	1	5	8	3	4

13

8	4	5	1	3	2	7	6	9
3	1	6	9	7	5	4	2	8
9	2	7	6	4	8	1	3	5
5	8	9	3	1	6	2	4	7
4	6	3	2	9	7	8	5	1
1	7	2	5	8	4	6	9	3
6	3	1	7	2	9	5	8	4
7	5	4	8	6	3	9	1	2
2	9	8	4	5	1	3	7	6

14

7	1	6	4	3	5	2	9	8
2	3	9	7	6	8	4	5	1
8	5	4	9	1	2	7	3	6
3	2	1	6	7	9	5	8	4
4	9	5	8	2	1	6	7	3
6	8	7	5	4	3	1	2	9
5	4	2	3	8	6	9	1	7
9	6	3	1	5	7	8	4	2
1	7	8	2	9	4	3	6	5

15

2	8	9	1	5	4	3	6	7
3	4	7	8	6	2	5	1	9
5	6	1	9	3	7	8	2	4
9	2	3	7	8	1	6	4	5
7	1	6	4	2	5	9	3	8
8	5	4	3	9	6	1	7	2
1	9	2	5	7	3	4	8	6
4	7	5	6	1	8	2	9	3
6	3	8	2	4	9	7	5	1

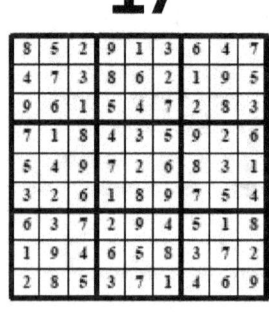

16

1	6	3	5	9	8	2	4	7
5	7	4	1	2	3	8	9	6
2	9	8	4	7	6	5	3	1
3	1	7	8	5	4	6	2	9
6	2	5	7	1	9	3	8	4
4	8	9	3	6	2	1	7	5
7	3	6	2	4	5	9	1	8
9	4	2	6	8	1	7	5	3
8	5	1	9	3	7	4	6	2

17

8	5	2	9	1	3	6	4	7
4	7	3	8	6	2	1	9	5
9	6	1	5	4	7	2	8	3
7	1	8	4	3	5	9	2	6
5	4	9	7	2	6	8	3	1
3	2	6	1	8	9	7	5	4
6	3	7	2	9	4	5	1	8
1	9	4	6	5	8	3	7	2
2	8	5	3	7	1	4	6	9

18

3	9	5	7	2	6	4	8	1
7	8	6	5	4	1	9	3	2
2	4	1	3	9	8	6	5	7
6	3	9	2	1	4	8	7	5
1	7	4	8	6	5	3	2	9
5	2	8	9	7	3	1	4	6
9	6	7	4	3	2	5	1	8
8	1	3	6	5	7	2	9	4
4	5	2	1	8	9	7	6	3

19

3	5	8	4	6	1	9	2	7
1	2	9	5	3	7	4	6	8
4	7	6	9	8	2	5	1	3
2	3	7	6	5	9	1	8	4
6	4	5	7	1	8	3	9	2
9	8	1	2	4	3	6	7	5
8	6	2	3	9	4	7	5	1
7	9	3	1	2	5	8	4	6
5	1	4	8	7	6	2	3	9

20

9	2	8	3	1	6	5	7	4
3	7	1	5	2	4	6	9	8
5	6	4	9	7	8	3	2	1
6	4	5	8	3	7	2	1	9
1	8	3	4	9	2	7	5	6
7	9	2	1	6	5	4	8	3
8	3	6	7	5	9	1	4	2
4	1	7	2	8	3	9	6	5
2	5	9	6	4	1	8	3	7

21

5	9	8	3	4	2	7	1	6
2	7	6	9	1	5	8	3	4
1	4	3	7	6	8	5	9	2
8	5	4	1	2	7	9	6	3
9	6	2	8	5	3	4	7	1
3	1	7	4	9	6	2	5	8
6	8	5	2	7	1	3	4	9
4	3	1	5	8	9	6	2	7
7	2	9	6	3	4	1	8	5

22

7	3	5	9	2	8	4	6	1
6	9	2	1	7	4	8	3	5
4	8	1	5	6	3	9	7	2
1	4	9	8	3	7	2	5	6
5	6	3	2	4	9	7	1	8
2	7	8	6	5	1	3	9	4
9	5	6	3	8	2	1	4	7
8	1	7	4	9	6	5	2	3
3	2	4	7	1	5	6	8	9

23

5	4	3	7	9	8	2	6	1
1	8	2	4	5	6	3	7	9
9	6	7	1	3	2	5	4	8
6	5	9	2	7	3	1	8	4
8	2	1	5	4	9	7	3	6
3	7	4	8	6	1	9	2	5
7	9	5	3	8	4	6	1	2
2	3	8	6	1	5	4	9	7
4	1	6	9	2	7	8	5	3

24

2	3	7	4	5	9	1	8	6
4	8	9	2	6	1	3	5	7
1	5	6	8	7	3	4	9	2
5	1	4	6	8	7	2	3	9
3	6	8	5	9	2	7	4	1
9	7	2	1	3	4	8	6	5
8	2	3	9	1	5	6	7	4
6	4	5	7	2	8	9	1	3
7	9	1	3	4	6	5	2	8

25

4	9	1	6	3	5	7	2	8
7	8	2	9	1	4	6	3	5
3	5	6	2	7	8	1	4	9
1	4	8	5	2	3	9	6	7
9	2	7	8	6	1	3	5	4
5	6	3	4	9	7	8	1	2
6	1	5	7	8	2	4	9	3
8	3	4	1	5	9	2	7	6
2	7	9	3	4	6	5	8	1

26

7	5	4	3	6	1	9	2	8
8	3	2	9	5	4	7	1	6
9	6	1	8	2	7	4	5	3
1	4	8	2	7	9	3	6	5
6	9	3	5	4	8	1	7	2
5	2	7	1	3	6	8	9	4
4	1	9	6	8	5	2	3	7
3	8	6	7	9	2	5	4	1
2	7	5	4	1	3	6	8	9

27

1	2	3	4	5	8	6	7	9
9	7	4	2	6	1	5	8	3
8	5	6	3	7	9	2	1	4
7	1	2	6	4	5	9	3	8
6	9	5	8	1	3	7	4	2
3	4	8	7	9	2	1	5	6
4	3	1	9	2	7	8	6	5
2	6	7	5	8	4	3	9	1
5	8	9	1	3	6	4	2	7

28

3	9	1	8	7	6	2	4	5
6	5	7	4	2	1	3	8	9
2	4	8	5	3	9	7	6	1
1	2	4	7	6	5	8	9	3
8	6	5	9	1	3	4	2	7
7	3	9	2	8	4	1	5	6
4	7	6	1	9	8	5	3	2
5	1	3	6	4	2	9	7	8
9	8	2	3	5	7	6	1	4

29

8	6	5	7	3	1	2	9	4
9	3	7	4	5	2	6	8	1
4	2	1	6	9	8	7	3	5
1	7	6	2	8	4	9	5	3
5	4	8	3	7	9	1	6	2
2	9	3	5	1	6	4	7	8
3	5	4	1	6	7	8	2	9
6	8	2	9	4	3	5	1	7
7	1	9	8	2	5	3	4	6

30

2	6	4	3	1	9	8	5	7
5	7	9	6	8	2	1	3	4
8	3	1	5	4	7	9	2	6
9	4	6	8	3	1	2	7	5
7	1	2	9	5	6	3	4	8
3	5	8	7	2	4	6	1	9
4	9	7	1	6	3	5	8	2
1	2	5	4	9	8	7	6	3
6	8	3	2	7	5	4	9	1

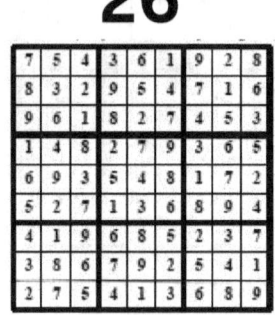

31

1	8	3	4	9	7	2	5	6
6	9	5	1	2	3	7	8	4
4	2	7	8	5	6	9	3	1
5	6	2	9	1	8	3	4	7
7	4	1	5	3	2	8	6	9
9	3	8	7	6	4	5	1	2
3	1	4	2	7	5	6	9	8
8	7	6	3	4	9	1	2	5
2	5	9	6	8	1	4	7	3

32

3	2	6	5	9	8	4	1	7
8	7	1	4	2	6	5	3	9
4	9	5	7	3	1	2	8	6
2	6	7	1	4	3	8	9	5
5	3	9	6	8	7	1	2	4
1	4	8	2	5	9	6	7	3
9	5	4	8	7	2	3	6	1
6	8	3	9	1	4	7	5	2
7	1	2	3	6	5	9	4	8

33

6	5	1	9	7	4	3	8	2
4	9	8	3	1	2	6	5	7
3	7	2	5	8	6	9	4	1
1	3	5	7	2	9	8	6	4
8	4	6	1	3	5	7	2	9
7	2	9	6	4	8	5	1	3
9	8	4	2	5	3	1	7	6
5	6	7	4	9	1	2	3	8
2	1	3	8	6	7	4	9	5

34

4	1	6	9	8	3	2	7	5
9	5	8	2	7	1	6	3	4
3	2	7	5	6	4	9	1	8
5	7	4	6	3	2	1	8	9
6	3	9	8	1	5	7	4	2
2	8	1	7	4	9	3	5	6
8	9	2	3	5	7	4	6	1
1	6	3	4	2	8	5	9	7
7	4	5	1	9	6	8	2	3

35

9	1	3	5	7	8	2	6	4
8	4	6	9	2	1	7	3	5
2	5	7	3	4	6	8	9	1
6	9	2	8	1	5	4	7	3
5	7	4	2	6	3	1	8	9
1	3	8	7	9	4	6	5	2
4	2	5	6	8	9	3	1	7
3	6	1	4	5	7	9	2	8
7	8	9	1	3	2	5	4	6

36

9	6	2	7	4	5	1	3	8
5	4	1	3	8	9	2	7	6
7	3	8	2	6	1	5	4	9
1	2	6	8	7	4	9	5	3
4	9	7	6	5	3	8	1	2
3	8	5	9	1	2	7	6	4
8	5	3	1	9	6	4	2	7
2	7	4	5	3	8	6	9	1
6	1	9	4	2	7	3	8	5

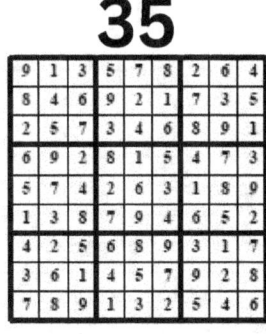

37

8	4	7	3	5	9	2	6	1
2	6	9	4	7	1	5	3	8
1	5	3	8	2	6	7	4	9
9	7	8	1	6	3	4	5	2
4	1	5	2	8	7	3	9	6
6	3	2	9	4	5	8	1	7
5	9	6	7	3	2	1	8	4
7	8	1	5	9	4	6	2	3
3	2	4	6	1	8	9	7	5

38

8	5	4	3	2	1	6	7	9
6	7	3	5	4	9	8	2	1
1	2	9	8	6	7	3	5	4
4	3	1	6	7	8	5	9	2
7	6	5	9	3	2	1	4	8
9	8	2	1	5	4	7	6	3
2	4	8	7	1	6	9	3	5
3	9	7	4	8	5	2	1	6
5	1	6	2	9	3	4	8	7

39

6	4	3	1	9	8	7	5	2
9	7	2	6	5	3	8	4	1
5	1	8	4	7	2	3	9	6
1	2	5	3	6	7	9	8	4
3	9	4	8	2	1	5	6	7
7	8	6	9	4	5	2	1	3
2	5	9	7	1	4	6	3	8
4	3	7	5	8	6	1	2	9
8	6	1	2	3	9	4	7	5

40

4	1	5	9	6	7	8	3	2
3	7	6	2	8	5	9	1	4
2	9	8	1	3	4	7	6	5
9	3	2	6	1	8	4	5	7
8	5	1	7	4	2	6	9	3
7	6	4	3	5	9	1	2	8
1	8	9	5	7	3	2	4	6
5	2	7	4	9	6	3	8	1
6	4	3	8	2	1	5	7	9

41

2	4	3	9	8	5	6	1	7
6	7	8	3	4	1	9	5	2
1	5	9	2	7	6	4	3	8
8	3	1	5	6	4	2	7	9
7	9	2	1	3	8	5	4	6
4	6	5	7	9	2	1	8	3
3	2	6	4	5	7	8	9	1
9	8	4	6	1	3	7	2	5
5	1	7	8	2	9	3	6	4

42

2	8	4	5	3	6	9	1	7
3	1	7	8	9	4	5	6	2
6	9	5	2	7	1	4	8	3
4	2	6	1	8	9	3	7	5
8	3	1	7	5	2	6	4	9
5	7	9	4	6	3	8	2	1
9	5	8	6	1	7	2	3	4
1	4	3	9	2	8	7	5	6
7	6	2	3	4	5	1	9	8

43

7	4	6	8	2	9	3	1	5
9	3	5	7	4	1	6	2	8
8	1	2	6	5	3	7	9	4
2	7	4	1	3	8	5	6	9
5	9	8	2	7	6	1	4	3
3	6	1	5	9	4	8	7	2
6	5	9	4	8	7	2	3	1
1	8	3	9	6	2	4	5	7
4	2	7	3	1	5	9	8	6

44

8	2	5	6	9	4	3	1	7
7	4	3	2	8	1	9	5	6
6	9	1	7	5	3	4	2	8
5	6	4	9	1	7	2	8	3
9	8	2	4	3	6	5	7	1
1	3	7	8	2	5	6	9	4
3	7	9	5	4	8	1	6	2
4	5	6	1	7	2	8	3	9
2	1	8	3	6	9	7	4	5

45

1	9	8	6	7	3	2	5	4
6	5	4	8	1	2	7	9	3
7	2	3	5	4	9	1	6	8
2	7	6	1	5	8	3	4	9
3	8	9	4	2	6	5	7	1
5	4	1	9	3	7	8	2	6
4	6	5	2	8	1	9	3	7
9	1	7	3	6	5	4	8	2
8	3	2	7	9	4	6	1	5

46

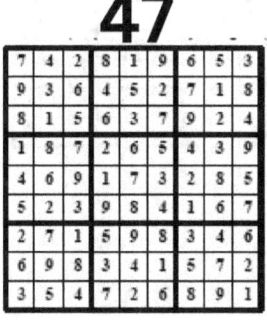

3	4	9	6	7	5	8	1	2
7	1	2	3	4	8	5	9	6
6	5	8	9	2	1	4	3	7
5	2	3	4	8	7	1	6	9
4	8	6	1	9	2	7	5	3
9	7	1	5	6	3	2	8	4
2	9	4	8	1	6	3	7	5
8	6	5	7	3	4	9	2	1
1	3	7	2	5	9	6	4	8

47

7	4	2	8	1	9	6	5	3
9	3	6	4	5	2	7	1	8
8	1	5	6	3	7	9	2	4
1	8	7	2	6	5	4	3	9
4	6	9	1	7	3	2	8	5
5	2	3	9	8	4	1	6	7
2	7	1	5	9	8	3	4	6
6	9	8	3	4	1	5	7	2
3	5	4	7	2	6	8	9	1

48

6	3	5	4	8	1	7	2	9
4	7	8	9	2	3	1	6	5
2	1	9	6	5	7	4	3	8
5	9	6	2	7	4	3	8	1
3	8	2	1	9	5	6	4	7
1	4	7	3	6	8	9	5	2
7	5	1	8	3	6	2	9	4
9	6	4	5	1	2	8	7	3
8	2	3	7	4	9	5	1	6

49

7	5	1	6	2	9	8	3	4
8	2	4	7	1	3	9	6	5
9	6	3	8	4	5	1	2	7
5	4	8	2	7	1	3	9	6
2	9	7	3	6	8	5	4	1
1	3	6	9	5	4	7	8	2
4	7	9	1	8	2	6	5	3
3	1	5	4	9	6	2	7	8
6	8	2	5	3	7	4	1	9

50

7	6	5	8	2	9	1	4	3
4	1	8	3	6	5	7	2	9
2	9	3	7	4	1	5	8	6
9	8	7	2	3	4	6	5	1
1	3	4	6	5	8	2	9	7
5	2	6	9	1	7	4	3	8
8	5	2	1	7	3	9	6	4
6	7	9	4	8	2	3	1	5
3	4	1	5	9	6	8	7	2

51

2	6	9	7	8	3	1	5	4
3	8	7	1	5	4	9	6	2
5	4	1	9	6	2	7	8	3
6	5	3	4	7	8	2	9	1
4	1	8	6	2	9	3	7	5
7	9	2	3	1	5	6	4	8
8	2	6	5	9	1	4	3	7
9	3	5	2	4	7	8	1	6
1	7	4	8	3	6	5	2	9

52

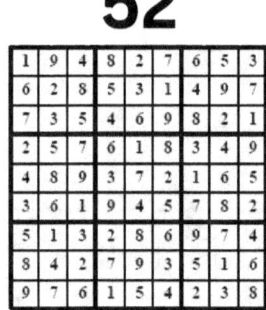

1	9	4	8	2	7	6	5	3
6	2	8	5	3	1	4	9	7
7	3	5	4	6	9	8	2	1
2	5	7	6	1	8	3	4	9
4	8	9	3	7	2	1	6	5
3	6	1	9	4	5	7	8	2
5	1	3	2	8	6	9	7	4
8	4	2	7	9	3	5	1	6
9	7	6	1	5	4	2	3	8

53

1	7	8	5	9	3	2	4	6
9	2	5	4	6	8	1	7	3
6	3	4	2	7	1	9	8	5
5	1	7	6	2	9	8	3	4
2	4	6	8	3	7	5	1	9
3	8	9	1	5	4	6	2	7
8	9	2	7	4	5	3	6	1
4	6	3	9	1	2	7	5	8
7	5	1	3	8	6	4	9	2

54

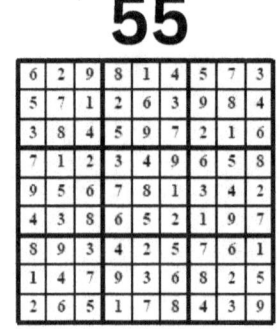

5	8	9	7	3	1	4	6	2
3	7	4	6	8	2	9	1	5
1	2	6	4	5	9	3	8	7
7	6	8	3	9	5	2	4	1
4	5	1	2	7	8	6	9	3
9	3	2	1	6	4	7	5	8
8	4	5	9	2	7	1	3	6
6	9	7	5	1	3	8	2	4
2	1	3	8	4	6	5	7	9

55

6	2	9	8	1	4	5	7	3
5	7	1	2	6	3	9	8	4
3	8	4	5	9	7	2	1	6
7	1	2	3	4	9	6	5	8
9	5	6	7	8	1	3	4	2
4	3	8	6	5	2	1	9	7
8	9	3	4	2	5	7	6	1
1	4	7	9	3	6	8	2	5
2	6	5	1	7	8	4	3	9

56

8	4	7	6	5	9	2	1	3
9	3	1	2	7	4	6	8	5
2	5	6	1	3	8	4	7	9
6	2	8	4	9	7	3	5	1
4	7	9	5	1	3	8	6	2
5	1	3	8	2	6	9	4	7
7	8	2	3	6	5	1	9	4
1	9	4	7	8	2	5	3	6
3	6	5	9	4	1	7	2	8

57

9	8	6	4	3	7	5	2	1
5	3	2	1	6	9	8	7	4
7	1	4	2	5	8	3	9	6
2	5	1	8	7	6	4	3	9
6	9	3	5	1	4	2	8	7
4	7	8	9	2	3	1	6	5
3	4	5	6	9	2	7	1	8
8	2	9	7	4	1	6	5	3
1	6	7	3	8	5	9	4	2

58

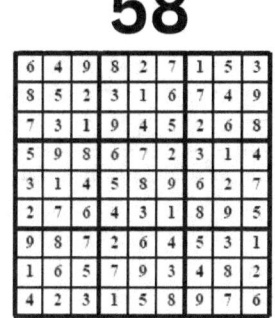

6	4	9	8	2	7	1	5	3
8	5	2	3	1	6	7	4	9
7	3	1	9	4	5	2	6	8
5	9	8	6	7	2	3	1	4
3	1	4	5	8	9	6	2	7
2	7	6	4	3	1	8	9	5
9	8	7	2	6	4	5	3	1
1	6	5	7	9	3	4	8	2
4	2	3	1	5	8	9	7	6

59

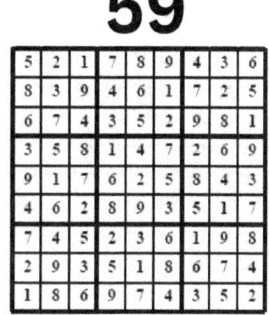

5	2	1	7	8	9	4	3	6
8	3	9	4	6	1	7	2	5
6	7	4	3	5	2	9	8	1
3	5	8	1	4	7	2	6	9
9	1	7	6	2	5	8	4	3
4	6	2	8	9	3	5	1	7
7	4	5	2	3	6	1	9	8
2	9	3	5	1	8	6	7	4
1	8	6	9	7	4	3	5	2

60

6	2	4	1	7	5	9	3	8
9	1	8	4	3	2	5	7	6
7	3	5	6	8	9	2	4	1
3	8	1	9	5	4	6	2	7
5	7	2	3	6	1	4	8	9
4	6	9	8	2	7	1	5	3
8	5	3	2	1	6	7	9	4
1	4	7	5	9	8	3	6	2
2	9	6	7	4	3	8	1	5

61

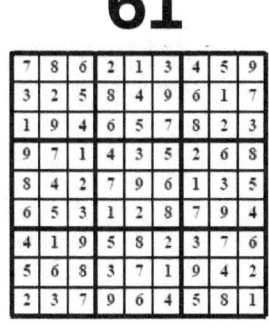

7	8	6	2	1	3	4	5	9
3	2	5	8	4	9	6	1	7
1	9	4	6	5	7	8	2	3
9	7	1	4	3	5	2	6	8
8	4	2	7	9	6	1	3	5
6	5	3	1	2	8	7	9	4
4	1	9	5	8	2	3	7	6
5	6	8	3	7	1	9	4	2
2	3	7	9	6	4	5	8	1

62

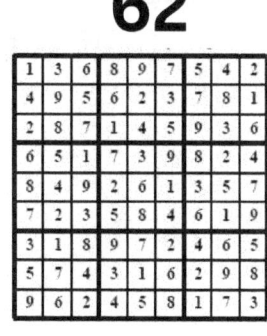

1	3	6	8	9	7	5	4	2
4	9	5	6	2	3	7	8	1
2	8	7	1	4	5	9	3	6
6	5	1	7	3	9	8	2	4
8	4	9	2	6	1	3	5	7
7	2	3	5	8	4	6	1	9
3	1	8	9	7	2	4	6	5
5	7	4	3	1	6	2	9	8
9	6	2	4	5	8	1	7	3

63

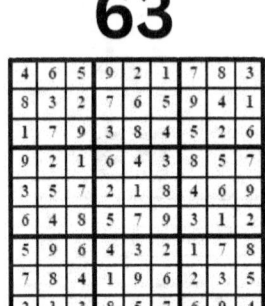

4	6	5	9	2	1	7	8	3
8	3	2	7	6	5	9	4	1
1	7	9	3	8	4	5	2	6
9	2	1	6	4	3	8	5	7
3	5	7	2	1	8	4	6	9
6	4	8	5	7	9	3	1	2
5	9	6	4	3	2	1	7	8
7	8	4	1	9	6	2	3	5
2	1	3	8	5	7	6	9	4

64

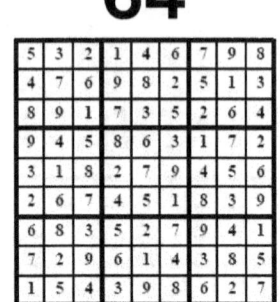

5	3	2	1	4	6	7	9	8
4	7	6	9	8	2	5	1	3
8	9	1	7	3	5	2	6	4
9	4	5	8	6	3	1	7	2
3	1	8	2	7	9	4	5	6
2	6	7	4	5	1	8	3	9
6	8	3	5	2	7	9	4	1
7	2	9	6	1	4	3	8	5
1	5	4	3	9	8	6	2	7

65

8	6	5	1	7	3	2	4	9
2	4	7	6	8	9	3	5	1
9	3	1	2	5	4	6	7	8
4	7	8	3	6	2	1	9	5
3	1	6	4	9	5	8	2	7
5	2	9	7	1	8	4	3	6
7	8	4	5	3	1	9	6	2
1	5	3	9	2	6	7	8	4
6	9	2	8	4	7	5	1	3

66

7	6	1	9	3	2	4	5	8
5	9	3	6	8	4	1	2	7
4	2	8	1	7	5	9	6	3
9	4	7	8	6	1	2	3	5
1	3	5	2	9	7	8	4	6
6	8	2	4	5	3	7	9	1
8	1	6	3	4	9	5	7	2
3	7	4	5	2	8	6	1	9
2	5	9	7	1	6	3	8	4

67

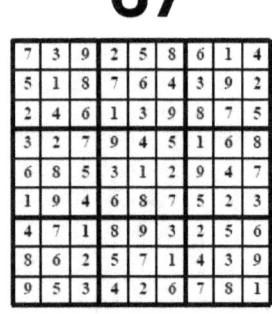

7	3	9	2	5	8	6	1	4
5	1	8	7	6	4	3	9	2
2	4	6	1	3	9	8	7	5
3	2	7	9	4	5	1	6	8
6	8	5	3	1	2	9	4	7
1	9	4	6	8	7	5	2	3
4	7	1	8	9	3	2	5	6
8	6	2	5	7	1	4	3	9
9	5	3	4	2	6	7	8	1

68

3	8	7	5	2	1	6	4	9
2	6	5	8	9	4	1	3	7
4	9	1	7	6	3	8	2	5
1	5	3	2	4	9	7	6	8
9	7	2	1	8	6	4	5	3
8	4	6	3	5	7	2	9	1
7	2	9	4	1	5	3	8	6
6	3	8	9	7	2	5	1	4
5	1	4	6	3	8	9	7	2

69

3	2	6	5	1	9	4	8	7
4	8	7	6	2	3	9	5	1
9	5	1	7	4	8	2	6	3
8	7	9	3	5	1	6	4	2
6	1	3	2	8	4	5	7	9
5	4	2	9	6	7	1	3	8
1	3	8	4	9	6	7	2	5
7	6	5	1	3	2	8	9	4
2	9	4	8	7	5	3	1	6

70

6	3	5	4	1	8	7	9	2
7	1	9	6	2	3	4	5	8
4	8	2	7	5	9	6	3	1
1	6	3	2	4	5	8	7	9
2	9	8	3	7	1	5	6	4
5	4	7	9	8	6	1	2	3
9	7	4	1	6	2	3	8	5
8	2	6	5	3	4	9	1	7
3	5	1	8	9	7	2	4	6

71

3	9	5	8	4	6	7	1	2
6	2	1	9	7	3	4	8	5
4	7	8	1	5	2	9	3	6
8	4	2	3	6	7	1	5	9
5	1	9	2	8	4	6	7	3
7	3	6	5	9	1	2	4	8
2	5	3	4	1	9	8	6	7
9	6	4	7	3	8	5	2	1
1	8	7	6	2	5	3	9	4

72

3	1	7	8	6	9	4	2	5
4	5	6	3	2	1	7	9	8
8	9	2	5	7	4	1	3	6
5	2	3	9	1	7	8	6	4
7	8	9	4	3	6	5	1	2
1	6	4	2	5	8	3	7	9
9	7	8	1	4	2	6	5	3
6	4	5	7	9	3	2	8	1
2	3	1	6	8	5	9	4	7

73

3	4	2	8	9	1	7	6	5
1	7	5	2	3	6	8	4	9
9	6	8	4	7	5	3	1	2
2	8	6	3	5	4	1	9	7
7	1	3	6	8	9	2	5	4
5	9	4	1	2	7	6	3	8
8	5	1	9	6	2	4	7	3
4	3	7	5	1	8	9	2	6
6	2	9	7	4	3	5	8	1

74

8	4	5	1	2	6	3	7	9
6	9	3	7	4	5	8	1	2
7	1	2	3	8	9	4	6	5
2	3	4	9	6	7	5	8	1
1	6	7	2	5	8	9	3	4
9	5	8	4	1	3	6	2	7
4	7	9	6	3	2	1	5	8
5	2	6	8	9	1	7	4	3
3	8	1	5	7	4	2	9	6

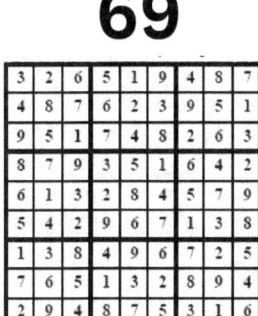
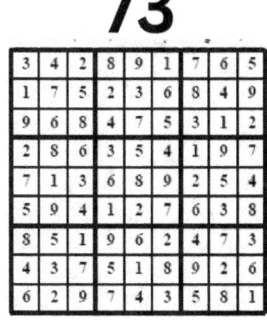
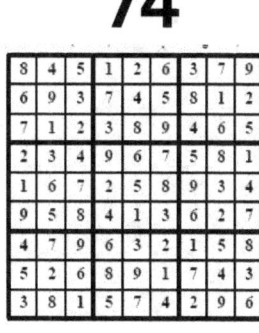

75

7	4	9	6	2	8	5	3	1
5	6	2	7	3	1	9	4	8
3	1	8	5	4	9	7	6	2
8	2	1	3	9	5	6	7	4
4	3	6	1	7	2	8	5	9
9	7	5	4	8	6	1	2	3
6	9	7	2	1	3	4	8	5
2	8	4	9	5	7	3	1	6
1	5	3	8	6	4	2	9	7

76

9	4	7	8	2	5	6	3	1
6	1	5	3	9	7	2	4	8
8	3	2	6	4	1	9	7	5
3	6	8	2	5	4	7	1	9
2	7	9	1	6	8	4	5	3
1	5	4	7	3	9	8	2	6
4	8	1	9	7	3	5	6	2
7	9	6	5	1	2	3	8	4
5	2	3	4	8	6	1	9	7

77

6	5	2	8	1	7	3	4	9
9	4	8	6	3	2	1	5	7
1	7	3	4	9	5	8	2	6
3	2	5	1	6	9	7	8	4
7	8	1	2	5	4	6	9	3
4	6	9	7	8	3	2	1	5
8	1	7	5	4	6	9	3	2
2	9	4	3	7	1	5	6	8
5	3	6	9	2	8	4	7	1

78

6	5	3	1	8	4	9	2	7
8	9	1	2	7	3	4	6	5
4	2	7	6	5	9	8	1	3
3	6	8	7	1	5	2	4	9
7	1	5	9	4	2	6	3	8
2	4	9	3	6	8	5	7	1
1	3	4	5	9	6	7	8	2
9	8	2	4	3	7	1	5	6
5	7	6	8	2	1	3	9	4

79

4	3	5	1	8	6	9	2	7
2	1	6	3	9	7	5	4	8
7	9	8	5	4	2	6	1	3
3	5	2	8	6	4	1	7	9
8	4	9	7	3	1	2	5	6
6	7	1	9	2	5	8	3	4
5	8	4	2	7	9	3	6	1
1	6	3	4	5	8	7	9	2
9	2	7	6	1	3	4	8	5

80

1	7	6	3	4	8	5	2	9
5	3	4	2	9	7	8	1	6
9	8	2	1	5	6	4	7	3
7	2	9	6	3	5	1	4	8
8	1	5	9	7	4	6	3	2
6	4	3	8	1	2	9	5	7
3	6	7	4	8	1	2	9	5
2	9	1	5	6	3	7	8	4
4	5	8	7	2	9	3	6	1

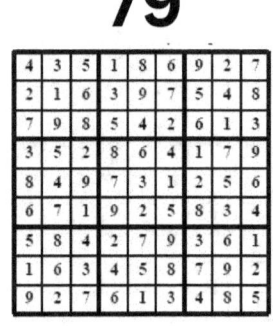

81

1	4	7	2	9	6	8	5	3
8	2	9	3	1	5	7	4	6
5	3	6	8	4	7	2	1	9
7	8	4	6	5	3	1	9	2
3	1	2	9	7	8	4	6	5
9	6	5	4	2	1	3	8	7
2	5	1	7	6	4	9	3	8
6	7	3	1	8	9	5	2	4
4	9	8	5	3	2	6	7	1

82

1	2	3	5	8	4	7	9	6
6	4	8	2	9	7	3	5	1
5	9	7	1	6	3	4	8	2
4	7	1	3	2	9	8	6	5
3	8	9	6	4	5	2	1	7
2	6	5	7	1	8	9	3	4
8	1	6	9	7	2	5	4	3
9	5	2	4	3	1	6	7	8
7	3	4	8	5	6	1	2	9

83

3	6	8	9	2	7	5	4	1
2	5	7	4	1	3	6	8	9
1	9	4	5	6	8	3	7	2
6	8	5	7	4	9	1	2	3
9	3	2	8	5	1	7	6	4
7	4	1	2	3	6	8	9	5
5	7	9	3	8	2	4	1	6
4	2	6	1	7	5	9	3	8
8	1	3	6	9	4	2	5	7

84

5	2	3	4	7	1	6	8	9
1	7	8	6	9	3	2	5	4
9	6	4	5	8	2	7	1	3
6	8	9	2	1	4	3	7	5
3	1	2	9	5	7	8	4	6
4	5	7	8	3	6	1	9	2
8	3	6	1	4	5	9	2	7
2	4	1	7	6	9	5	3	8
7	9	5	3	2	8	4	6	1

85

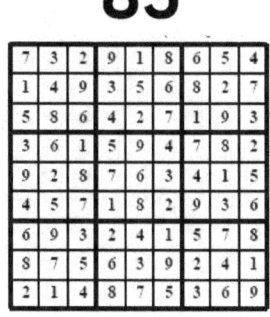

7	3	2	9	1	8	6	5	4
1	4	9	3	5	6	8	2	7
5	8	6	4	2	7	1	9	3
3	6	1	5	9	4	7	8	2
9	2	8	7	6	3	4	1	5
4	5	7	1	8	2	9	3	6
6	9	3	2	4	1	5	7	8
8	7	5	6	3	9	2	4	1
2	1	4	8	7	5	3	6	9

86

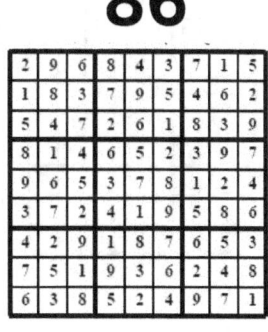

2	9	6	8	4	3	7	1	5
1	8	3	7	9	5	4	6	2
5	4	7	2	6	1	8	3	9
8	1	4	6	5	2	3	9	7
9	6	5	3	7	8	1	2	4
3	7	2	4	1	9	5	8	6
4	2	9	1	8	7	6	5	3
7	5	1	9	3	6	2	4	8
6	3	8	5	2	4	9	7	1

87

6	9	5	3	8	2	4	7	1
4	8	3	1	6	7	5	2	9
1	7	2	9	4	5	3	8	6
7	6	1	8	2	4	9	3	5
3	4	9	7	5	1	2	6	8
2	5	8	6	3	9	1	4	7
5	3	7	2	1	8	6	9	4
8	2	4	5	9	6	7	1	3
9	1	6	4	7	3	8	5	2

88

1	8	6	2	3	5	9	4	7
7	4	9	1	6	8	3	5	2
3	5	2	9	7	4	1	6	8
6	9	5	4	8	2	7	1	3
8	2	3	5	1	7	6	9	4
4	7	1	6	9	3	8	2	5
9	3	4	8	2	6	5	7	1
2	6	8	7	5	1	4	3	9
5	1	7	3	4	9	2	8	6

89

5	7	6	3	2	1	4	8	9
8	2	4	9	6	7	5	3	1
9	3	1	8	4	5	6	2	7
7	4	9	1	8	2	3	6	5
3	1	8	6	5	4	9	7	2
6	5	2	7	3	9	8	1	4
4	9	3	2	1	8	7	5	6
1	8	5	4	7	6	2	9	3
2	6	7	5	9	3	1	4	8

90

7	1	6	2	4	5	3	8	9
4	9	3	8	6	7	2	5	1
5	2	8	9	1	3	7	4	6
6	4	1	5	3	9	8	2	7
3	8	2	6	7	4	9	1	5
9	5	7	1	8	2	4	6	3
8	3	5	4	9	1	6	7	2
1	7	4	3	2	6	5	9	8
2	6	9	7	5	8	1	3	4

91

5	2	3	4	9	1	6	7	8
1	7	4	8	3	6	9	5	2
9	8	6	2	5	7	4	3	1
3	4	7	9	1	8	2	6	5
8	1	5	6	4	2	7	9	3
2	6	9	5	7	3	8	1	4
6	9	8	3	2	5	1	4	7
7	5	2	1	6	4	3	8	9
4	3	1	7	8	9	5	2	6

92

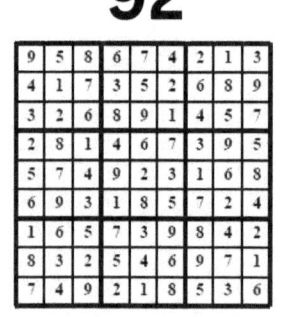

9	5	8	6	7	4	2	1	3
4	1	7	3	5	2	6	8	9
3	2	6	8	9	1	4	5	7
2	8	1	4	6	7	3	9	5
5	7	4	9	2	3	1	6	8
6	9	3	1	8	5	7	2	4
1	6	5	7	3	9	8	4	2
8	3	2	5	4	6	9	7	1
7	4	9	2	1	8	5	3	6

93

3	1	2	7	4	6	5	9	8
4	8	7	9	5	2	6	1	3
5	9	6	1	3	8	7	4	2
2	6	1	4	8	3	9	7	5
7	5	3	2	9	1	4	8	6
9	4	8	5	6	7	3	2	1
8	2	4	3	7	5	1	6	9
1	3	9	6	2	4	8	5	7
6	7	5	8	1	9	2	3	4

94

8	2	3	7	1	9	5	4	6
6	5	7	8	4	3	1	9	2
9	4	1	6	5	2	7	3	8
5	1	8	9	3	6	2	7	4
2	3	4	5	8	7	6	1	9
7	9	6	4	2	1	3	8	5
1	6	2	3	9	4	8	5	7
3	8	9	2	7	5	4	6	1
4	7	5	1	6	8	9	2	3

95

1	2	5	3	6	9	4	7	8
4	6	8	5	7	1	9	3	2
9	3	7	8	2	4	6	5	1
2	9	1	6	5	3	7	8	4
7	4	6	1	8	2	3	9	5
8	5	3	4	9	7	2	1	6
6	1	2	9	3	8	5	4	7
5	8	9	7	4	6	1	2	3
3	7	4	2	1	5	8	6	9

96

2	4	3	6	9	7	8	1	5
1	6	5	8	3	4	2	7	9
8	9	7	5	2	1	3	4	6
4	8	1	2	6	9	7	5	3
6	3	2	7	1	5	4	9	8
5	7	9	4	8	3	1	6	2
9	1	6	3	4	2	5	8	7
7	2	4	9	5	8	6	3	1
3	5	8	1	7	6	9	2	4

97

3	8	5	9	6	4	7	2	1
6	1	9	7	2	5	4	8	3
7	2	4	3	8	1	5	9	6
8	4	3	6	7	9	2	1	5
5	6	1	4	3	2	8	7	9
2	9	7	5	1	8	3	6	4
1	3	6	8	5	7	9	4	2
9	7	2	1	4	3	6	5	8
4	5	8	2	9	6	1	3	7

98

5	3	8	4	7	6	2	9	1
1	4	6	5	9	2	8	7	3
9	7	2	1	8	3	4	5	6
2	5	4	6	3	8	9	1	7
3	8	1	7	4	9	5	6	2
7	6	9	2	5	1	3	8	4
8	1	7	3	2	5	6	4	9
6	9	3	8	1	4	7	2	5
4	2	5	9	6	7	1	3	8

99

5	6	4	3	8	1	9	7	2
1	2	7	9	6	4	8	3	5
8	3	9	7	2	5	1	4	6
3	8	6	4	5	9	7	2	1
9	7	5	8	1	2	4	6	3
2	4	1	6	3	7	5	9	8
7	5	2	1	4	3	6	8	9
6	9	3	5	7	8	2	1	4
4	1	8	2	9	6	3	5	7

100

5	9	6	7	8	3	2	4	1
4	1	8	9	2	6	5	7	3
3	2	7	1	5	4	8	9	6
9	7	5	8	6	1	3	2	4
6	4	2	3	7	5	1	8	9
1	8	3	4	9	2	6	5	7
8	3	1	2	4	9	7	6	5
2	5	9	6	1	7	4	3	8
7	6	4	5	3	8	9	1	2

101

7	2	3	8	9	4	6	5	1
6	5	9	1	2	3	8	4	7
4	1	8	5	7	6	9	2	3
8	6	7	9	1	5	2	3	4
1	3	5	4	6	2	7	8	9
2	9	4	7	3	8	5	1	6
3	8	1	6	5	7	4	9	2
5	7	2	3	4	9	1	6	8
9	4	6	2	8	1	3	7	5

102

4	2	9	5	1	6	8	7	3
8	5	1	7	3	9	2	4	6
6	3	7	4	8	2	5	9	1
3	9	5	2	7	4	6	1	8
1	6	4	9	5	8	7	3	2
7	8	2	1	6	3	4	5	9
5	7	6	8	9	1	3	2	4
2	1	3	6	4	7	9	8	5
9	4	8	3	2	5	1	6	7

103

7	3	5	9	2	8	4	6	1
6	9	2	1	7	4	8	3	5
4	8	1	5	6	3	9	7	2
1	4	9	8	3	7	2	5	6
5	6	3	2	4	9	7	1	8
2	7	8	6	5	1	3	9	4
9	5	6	3	8	2	1	4	7
8	1	7	4	9	6	5	2	3
3	2	4	7	1	5	6	8	9

104

7	1	6	4	3	5	2	9	8
2	3	9	7	6	8	4	5	1
8	5	4	9	1	2	7	3	6
3	2	1	6	7	9	5	8	4
4	9	5	8	2	1	6	7	3
6	8	7	5	4	3	1	2	9
5	4	2	3	8	6	9	1	7
9	6	3	1	5	7	8	4	2
1	7	8	2	9	4	3	6	5

105

3	9	5	1	6	4	7	8	2
2	6	7	8	9	5	1	3	4
1	8	4	7	2	3	5	9	6
5	4	2	3	8	9	6	1	7
9	1	3	6	7	2	8	4	5
6	7	8	5	4	1	3	2	9
4	3	6	9	5	8	2	7	1
8	5	9	2	1	7	4	6	3
7	2	1	4	3	6	9	5	8

106

2	8	7	6	3	9	5	4	1
5	3	6	4	2	1	8	7	9
9	4	1	8	7	5	3	2	6
3	2	5	1	9	4	6	8	7
6	1	9	3	8	7	4	5	2
8	7	4	5	6	2	9	1	3
7	9	8	2	5	6	1	3	4
1	6	3	7	4	8	2	9	5
4	5	2	9	1	3	7	6	8

107

6	9	5	1	2	3	7	4	8
3	8	7	4	9	6	2	5	1
1	4	2	7	8	5	3	6	9
5	2	9	6	3	1	8	7	4
7	6	1	8	4	2	9	3	5
4	3	8	5	7	9	1	2	6
2	1	4	3	5	8	6	9	7
8	5	3	9	6	7	4	1	2
9	7	6	2	1	4	5	8	3

108

3	6	7	8	4	5	9	1	2
9	8	5	6	1	2	7	3	4
1	4	2	3	7	9	6	8	5
2	7	8	1	6	4	3	5	9
4	1	3	9	5	8	2	7	6
6	5	9	2	3	7	1	4	8
7	9	1	5	8	6	4	2	3
8	2	4	7	9	3	5	6	1
5	3	6	4	2	1	8	9	7

109

6	9	8	4	5	3	2	7	1
5	4	3	2	1	7	9	6	8
2	7	1	9	8	6	3	5	4
9	5	2	1	6	8	7	4	3
4	1	7	3	2	9	5	8	6
3	8	6	5	7	4	1	2	9
7	2	4	6	9	1	8	3	5
1	3	5	8	4	2	6	9	7
8	6	9	7	3	5	4	1	2

110

9	3	7	8	5	4	2	6	1
8	5	6	1	9	2	3	7	4
1	2	4	3	7	6	5	9	8
3	1	5	4	6	9	8	2	7
6	7	9	2	8	5	4	1	3
2	4	8	7	3	1	6	5	9
5	6	1	9	4	8	7	3	2
7	8	2	6	1	3	9	4	5
4	9	3	5	2	7	1	8	6

111

7	5	4	3	6	1	9	2	8
8	3	2	9	5	4	7	1	6
9	6	1	8	2	7	4	5	3
1	4	8	2	7	9	3	6	5
6	9	3	5	4	8	1	7	2
5	2	7	1	3	6	8	9	4
4	1	9	6	8	5	2	3	7
3	8	6	7	9	2	5	4	1
2	7	5	4	1	3	6	8	9

112

7	8	5	6	1	3	9	4	2
9	4	1	5	2	8	3	6	7
2	3	6	7	4	9	1	5	8
8	6	3	9	7	4	5	2	1
4	7	9	1	5	2	6	8	3
5	1	2	3	8	6	4	7	9
1	2	8	4	3	5	7	9	6
6	5	7	2	9	1	8	3	4
3	9	4	8	6	7	2	1	5

113

5	7	6	3	2	1	4	8	9
8	2	4	9	6	7	5	3	1
9	3	1	8	4	5	6	2	7
7	4	9	1	8	2	3	6	5
3	1	8	6	5	4	9	7	2
6	5	2	7	3	9	8	1	4
4	9	3	2	1	8	7	5	6
1	8	5	4	7	6	2	9	3
2	6	7	5	9	3	1	4	8

114

5	6	2	3	1	4	9	8	7
1	9	8	7	6	2	5	3	4
4	3	7	5	8	9	2	6	1
8	2	6	4	9	7	1	5	3
7	5	1	8	2	3	4	9	6
3	4	9	1	5	6	7	2	8
2	7	3	9	4	8	6	1	5
6	8	5	2	7	1	3	4	9
9	1	4	6	3	5	8	7	2

115

6	9	7	2	8	4	5	1	3
2	3	5	7	1	9	6	4	8
1	8	4	5	3	6	9	7	2
3	6	1	4	9	2	8	5	7
5	7	2	8	6	1	3	9	4
9	4	8	3	7	5	2	6	1
7	5	3	6	4	8	1	2	9
8	2	9	1	5	7	4	3	6
4	1	6	9	2	3	7	8	5

116

1	4	7	2	5	9	3	6	8
5	9	3	4	8	6	1	2	7
2	8	6	1	3	7	9	4	5
4	1	9	3	7	5	6	8	2
7	6	2	8	9	1	4	5	3
8	3	5	6	2	4	7	1	9
6	2	8	7	1	3	5	9	4
3	5	4	9	6	8	2	7	1
9	7	1	5	4	2	8	3	6

117

3	9	8	4	5	2	6	7	1
4	1	2	7	8	6	3	5	9
6	5	7	1	3	9	4	2	8
5	4	9	2	1	7	8	6	3
8	7	3	6	9	5	2	1	4
2	6	1	3	4	8	5	9	7
1	2	5	8	7	3	9	4	6
7	8	6	9	2	4	1	3	5
9	3	4	5	6	1	7	8	2

118

7	5	2	1	4	8	6	3	9
4	9	3	5	7	6	8	2	1
8	6	1	3	9	2	4	5	7
1	7	5	4	8	3	9	6	2
3	2	6	9	1	5	7	8	4
9	8	4	6	2	7	5	1	3
5	3	7	2	6	9	1	4	8
2	4	8	7	5	1	3	9	6
6	1	9	8	3	4	2	7	5

119

4	5	7	2	3	9	1	8	6
9	6	1	8	7	4	3	2	5
2	3	8	6	5	1	9	7	4
3	7	6	9	2	5	4	1	8
5	8	9	1	4	3	7	6	2
1	4	2	7	6	8	5	9	3
6	2	4	3	1	7	8	5	9
7	9	5	4	8	6	2	3	1
8	1	3	5	9	2	6	4	7

120

9	3	2	1	6	5	4	8	7
7	1	4	8	3	9	2	5	6
5	8	6	7	2	4	9	3	1
1	2	7	6	4	8	5	9	3
3	5	9	2	7	1	6	4	8
6	4	8	9	5	3	7	1	2
2	9	1	4	8	7	3	6	5
8	7	3	5	9	6	1	2	4
4	6	5	3	1	2	8	7	9

121

6	7	9	5	8	1	4	3	2
8	5	3	2	4	7	1	9	6
4	1	2	6	3	9	8	5	7
9	3	8	7	5	4	2	6	1
5	2	7	8	1	6	9	4	3
1	6	4	9	2	3	7	8	5
3	4	5	1	7	8	6	2	9
7	8	6	3	9	2	5	1	4
2	9	1	4	6	5	3	7	8

122

8	4	3	6	9	1	7	2	5
1	6	2	7	5	3	8	9	4
9	5	7	8	4	2	1	6	3
2	8	9	3	1	7	4	5	6
7	3	5	4	6	8	9	1	2
4	1	6	9	2	5	3	7	8
5	2	4	1	3	9	6	8	7
3	7	1	5	8	6	2	4	9
6	9	8	2	7	4	5	3	1

123

5	4	7	9	8	3	1	6	2
3	9	1	5	2	6	7	8	4
6	2	8	1	4	7	3	9	5
7	3	4	6	9	8	5	2	1
1	8	6	2	5	4	9	3	7
2	5	9	3	7	1	8	4	6
9	7	5	8	6	2	4	1	3
8	1	2	4	3	5	6	7	9
4	6	3	7	1	9	2	5	8

124

5	1	9	3	2	4	8	7	6
8	4	6	1	7	5	2	9	3
2	3	7	9	8	6	1	4	5
6	8	1	4	5	2	9	3	7
3	2	4	7	6	9	5	1	8
7	9	5	8	3	1	4	6	2
1	6	8	5	9	3	7	2	4
9	5	3	2	4	7	6	8	1
4	7	2	6	1	8	3	5	9

125

9	7	5	2	3	6	4	1	8
4	6	8	1	7	5	3	9	2
3	1	2	8	4	9	6	7	5
6	3	7	5	1	2	8	4	9
1	2	4	9	8	7	5	6	3
5	8	9	4	6	3	1	2	7
8	5	1	7	2	4	9	3	6
2	9	3	6	5	1	7	8	4
7	4	6	3	9	8	2	5	1

126

3	1	4	7	8	9	6	2	5
7	2	6	3	1	5	4	8	9
5	9	8	6	2	4	7	1	3
9	6	5	1	4	3	8	7	2
2	8	3	9	7	6	1	5	4
1	4	7	8	5	2	9	3	6
8	5	9	2	6	7	3	4	1
4	3	1	5	9	8	2	6	7
6	7	2	4	3	1	5	9	8

127

3	6	2	4	8	5	9	1	7
5	8	9	1	7	6	3	4	2
7	4	1	3	2	9	6	5	8
6	2	7	8	1	4	5	3	9
4	5	8	9	6	3	2	7	1
9	1	3	7	5	2	8	6	4
1	3	5	2	9	7	4	8	6
8	9	6	5	4	1	7	2	3
2	7	4	6	3	8	1	9	5

128

1	6	2	4	8	3	5	9	7
8	9	7	5	2	6	3	4	1
5	4	3	7	1	9	2	8	6
9	5	4	6	3	1	7	2	8
2	7	8	9	4	5	6	1	3
3	1	6	2	7	8	9	5	4
7	3	9	1	5	4	8	6	2
6	8	1	3	9	2	4	7	5
4	2	5	8	6	7	1	3	9

129

9	8	1	6	3	2	4	5	7
7	2	6	4	9	5	8	1	3
5	4	3	1	7	8	6	2	9
2	7	5	3	6	9	1	4	8
1	6	8	5	4	7	3	9	2
3	9	4	2	8	1	7	6	5
8	1	2	7	5	4	9	3	6
4	3	9	8	2	6	5	7	1
6	5	7	9	1	3	2	8	4

130

7	6	2	3	1	9	4	8	5
9	4	3	5	8	6	7	1	2
5	8	1	7	2	4	6	9	3
6	3	4	9	7	5	1	2	8
1	9	7	8	3	2	5	6	4
2	5	8	4	6	1	3	7	9
3	2	5	1	9	7	8	4	6
8	1	9	6	4	3	2	5	7
4	7	6	2	5	8	9	3	1

131

7	1	4	5	8	2	3	9	6
5	6	2	4	9	3	8	7	1
9	8	3	7	1	6	2	5	4
4	2	8	9	3	7	6	1	5
6	5	9	1	4	8	7	3	2
3	7	1	6	2	5	4	8	9
1	3	7	2	6	9	5	4	8
8	9	6	3	5	4	1	2	7
2	4	5	8	7	1	9	6	3

132

4	3	9	2	5	1	6	8	7
5	6	8	4	3	7	2	9	1
7	2	1	6	9	8	3	4	5
9	5	4	7	2	3	1	6	8
1	8	2	5	6	4	9	7	3
6	7	3	1	8	9	5	2	4
2	1	7	3	4	6	8	5	9
8	4	5	9	1	2	7	3	6
3	9	6	8	7	5	4	1	2

133

2	8	4	5	3	6	9	1	7
3	1	7	8	9	4	5	6	2
6	9	5	2	7	1	4	8	3
4	2	6	1	8	9	3	7	5
8	3	1	7	5	2	6	4	9
5	7	9	4	6	3	8	2	1
9	5	8	6	1	7	2	3	4
1	4	3	9	2	8	7	5	6
7	6	2	3	4	5	1	9	8

134

3	2	8	5	9	4	7	1	6
1	4	7	6	8	2	3	9	5
9	6	5	3	1	7	2	8	4
2	5	1	7	3	8	4	6	9
8	7	9	4	6	1	5	2	3
4	3	6	2	5	9	8	7	1
6	8	4	1	2	3	9	5	7
7	1	2	9	4	5	6	3	8
5	9	3	8	7	6	1	4	2

135

4	2	6	7	8	3	5	9	1
5	9	8	6	4	1	2	3	7
1	3	7	9	5	2	8	4	6
2	7	9	1	6	8	3	5	4
8	5	1	3	2	4	6	7	9
6	4	3	5	7	9	1	2	8
7	6	2	8	9	5	4	1	3
3	8	5	4	1	7	9	6	2
9	1	4	2	3	6	7	8	5

136

5	7	4	2	8	6	9	3	1
8	1	2	9	3	4	7	6	5
6	3	9	1	5	7	8	2	4
9	2	3	4	7	8	5	1	6
1	4	8	5	6	9	3	7	2
7	5	6	3	2	1	4	9	8
2	6	5	8	9	3	1	4	7
4	9	7	6	1	5	2	8	3
3	8	1	7	4	2	6	5	9

137

4	9	1	3	6	8	2	7	5
3	6	2	5	7	9	4	1	8
5	8	7	2	1	4	9	3	6
6	4	5	7	9	2	3	8	1
1	7	3	8	4	5	6	2	9
9	2	8	6	3	1	5	4	7
2	1	6	9	8	3	7	5	4
7	5	4	1	2	6	8	9	3
8	3	9	4	5	7	1	6	2

138

7	1	3	6	9	5	4	2	8
8	2	5	4	1	3	9	6	7
6	4	9	7	8	2	1	5	3
5	9	2	1	3	7	8	4	6
4	6	1	8	5	9	3	7	2
3	7	8	2	4	6	5	9	1
1	3	7	9	6	4	2	8	5
9	5	6	3	2	8	7	1	4
2	8	4	5	7	1	6	3	9

139

5	4	6	7	2	3	1	9	8
8	1	3	6	9	4	5	2	7
9	7	2	5	1	8	6	4	3
6	5	7	1	3	2	4	8	9
2	8	1	4	7	9	3	5	6
3	9	4	8	5	6	7	1	2
7	6	5	9	8	1	2	3	4
4	2	8	3	6	5	9	7	1
1	3	9	2	4	7	8	6	5

140

8	9	3	5	2	1	4	6	7
7	5	6	3	4	9	1	2	8
1	2	4	6	8	7	3	5	9
4	8	2	1	5	3	9	7	6
6	3	9	4	7	2	5	8	1
5	1	7	9	6	8	2	3	4
9	7	8	2	1	5	6	4	3
3	6	5	8	9	4	7	1	2
2	4	1	7	3	6	8	9	5

141

8	5	9	4	1	6	2	7	3
6	4	2	7	3	8	9	1	5
1	7	3	2	9	5	8	4	6
9	1	5	8	7	2	6	3	4
2	6	7	3	4	1	5	9	8
4	3	8	6	5	9	1	2	7
7	8	1	9	6	3	4	5	2
5	2	4	1	8	7	3	6	9
3	9	6	5	2	4	7	8	1

142

3	1	7	9	6	5	8	4	2
5	8	2	1	3	4	6	7	9
4	6	9	8	2	7	3	5	1
6	5	3	4	9	2	7	1	8
8	2	4	7	1	3	5	9	6
7	9	1	5	8	6	4	2	3
9	7	6	3	5	1	2	8	4
2	4	8	6	7	9	1	3	5
1	3	5	2	4	8	9	6	7

143

9	4	8	3	2	5	1	6	7
1	5	3	4	6	7	8	9	2
2	6	7	1	8	9	3	5	4
5	9	4	2	7	1	6	8	3
8	3	1	5	4	6	2	7	9
7	2	6	8	9	3	5	4	1
6	8	9	7	3	2	4	1	5
3	7	5	6	1	4	9	2	8
4	1	2	9	5	8	7	3	6

144

9	1	3	7	5	8	6	4	2
7	4	5	9	6	2	3	8	1
2	6	8	4	1	3	5	7	9
6	5	9	2	8	1	4	3	7
4	8	7	5	3	9	2	1	6
3	2	1	6	7	4	8	9	5
5	3	4	1	2	7	9	6	8
8	7	2	3	9	6	1	5	4
1	9	6	8	4	5	7	2	3

145

2	5	9	7	8	6	1	4	3
1	3	6	4	2	5	8	9	7
4	8	7	3	9	1	5	6	2
5	1	4	2	7	9	6	3	8
8	6	2	5	3	4	9	7	1
7	9	3	6	1	8	4	2	5
3	4	1	9	5	2	7	8	6
6	7	8	1	4	3	2	5	9
9	2	5	8	6	7	3	1	4

146

5	1	8	2	6	7	3	4	9
9	2	4	8	5	3	6	7	1
3	7	6	4	9	1	5	2	8
1	4	3	9	8	5	2	6	7
8	5	2	3	7	6	1	9	4
6	9	7	1	4	2	8	5	3
7	8	1	5	2	4	9	3	6
2	6	9	7	3	8	4	1	5
4	3	5	6	1	9	7	8	2

147

9	3	8	5	1	2	7	6	4
2	4	6	7	9	8	5	1	3
7	5	1	6	4	3	8	9	2
1	9	5	8	3	7	4	2	6
4	6	3	9	2	5	1	8	7
8	7	2	4	6	1	9	3	5
3	2	4	1	5	9	6	7	8
5	1	7	2	8	6	3	4	9
6	8	9	3	7	4	2	5	1

148

8	5	7	9	2	3	6	1	4
4	3	9	6	1	7	2	5	8
6	2	1	8	4	5	3	7	9
2	1	8	7	3	9	5	4	6
3	6	4	2	5	1	9	8	7
7	9	5	4	8	6	1	2	3
9	7	2	1	6	4	8	3	5
1	4	3	5	9	8	7	6	2
5	8	6	3	7	2	4	9	1

149

1	5	3	7	2	6	4	8	9
6	4	2	1	9	8	3	5	7
9	8	7	5	3	4	1	6	2
8	9	4	3	6	7	2	1	5
7	3	5	2	8	1	6	9	4
2	6	1	4	5	9	8	7	3
4	7	9	8	1	3	5	2	6
5	1	6	9	4	2	7	3	8
3	2	8	6	7	5	9	4	1

150

5	8	4	9	2	1	6	7	3
9	1	6	3	8	7	4	5	2
2	3	7	6	4	5	8	9	1
3	5	2	7	6	8	9	1	4
6	4	1	2	9	3	5	8	7
8	7	9	5	1	4	2	3	6
4	9	3	8	7	6	1	2	5
1	2	5	4	3	9	7	6	8
7	6	8	1	5	2	3	4	9

151

4	2	6	7	9	8	1	3	5
5	8	7	3	6	1	2	4	9
3	9	1	5	2	4	8	6	7
7	4	9	8	3	6	5	1	2
8	6	5	1	7	2	3	9	4
2	1	3	4	5	9	6	7	8
1	3	8	2	4	7	9	5	6
9	5	4	6	8	3	7	2	1
6	7	2	9	1	5	4	8	3

152

5	6	7	9	3	2	8	1	4
3	9	2	4	1	8	6	7	5
4	1	8	7	5	6	2	9	3
8	3	1	6	2	4	9	5	7
2	7	4	5	9	3	1	8	6
6	5	9	8	7	1	4	3	2
9	8	6	3	4	5	7	2	1
7	2	5	1	6	9	3	4	8
1	4	3	2	8	7	5	6	9

153

7	6	4	5	3	1	8	2	9
1	2	3	7	8	9	5	6	4
9	5	8	4	2	6	7	3	1
4	9	6	1	7	2	3	5	8
5	1	2	8	6	3	9	4	7
3	8	7	9	5	4	6	1	2
2	3	9	6	1	8	4	7	5
6	4	5	2	9	7	1	8	3
8	7	1	3	4	5	2	9	6

154

1	5	2	8	6	7	4	9	3
6	3	7	5	4	9	1	2	8
9	4	8	1	3	2	5	6	7
4	6	5	9	8	3	2	7	1
7	9	1	4	2	5	8	3	6
8	2	3	6	7	1	9	5	4
3	7	4	2	5	8	6	1	9
2	1	6	3	9	4	7	8	5
5	8	9	7	1	6	3	4	2

155

7	4	1	8	9	5	6	2	3
6	8	2	3	4	7	1	5	9
9	3	5	1	2	6	7	8	4
5	1	9	7	3	2	4	6	8
3	6	4	9	5	8	2	7	1
2	7	8	4	6	1	9	3	5
1	5	3	6	7	4	8	9	2
4	2	6	5	8	9	3	1	7
8	9	7	2	1	3	5	4	6

156

7	3	5	1	2	6	9	4	8
4	6	2	8	9	3	7	1	5
1	8	9	4	7	5	2	6	3
6	9	7	3	4	8	5	2	1
3	4	8	2	5	1	6	9	7
5	2	1	7	6	9	3	8	4
9	5	4	6	1	7	8	3	2
8	1	6	5	3	2	4	7	9
2	7	3	9	8	4	1	5	6

157

5	6	2	4	1	9	7	8	3
3	1	8	7	6	2	4	9	5
4	7	9	8	5	3	1	6	2
8	3	4	6	9	7	5	2	1
7	5	6	2	8	1	9	3	4
9	2	1	3	4	5	8	7	6
6	4	5	9	3	8	2	1	7
1	8	7	5	2	6	3	4	9
2	9	3	1	7	4	6	5	8

158

3	9	8	4	5	2	6	7	1
4	1	2	7	8	6	3	5	9
6	5	7	1	3	9	4	2	8
5	4	9	2	1	7	8	6	3
8	7	3	6	9	5	2	1	4
2	6	1	3	4	8	5	9	7
1	2	5	8	7	3	9	4	6
7	8	6	9	2	4	1	3	5
9	3	4	5	6	1	7	8	2

159

3	9	5	8	4	6	7	1	2
6	2	1	9	7	3	4	8	5
4	7	8	1	5	2	9	3	6
8	4	2	3	6	7	1	5	9
5	1	9	2	8	4	6	7	3
7	3	6	5	9	1	2	4	8
2	5	3	4	1	9	8	6	7
9	6	4	7	3	8	5	2	1
1	8	7	6	2	5	3	9	4

160

1	4	2	6	7	8	3	9	5
5	6	8	3	1	9	2	4	7
7	3	9	5	2	4	8	6	1
2	7	5	9	3	1	6	8	4
4	8	3	7	6	5	1	2	9
9	1	6	8	4	2	5	7	3
3	5	7	4	8	6	9	1	2
6	2	4	1	9	3	7	5	8
8	9	1	2	5	7	4	3	6

161

6	2	4	1	7	5	9	3	8
9	1	8	4	3	2	5	7	6
7	3	5	6	8	9	2	4	1
3	8	1	9	5	4	6	2	7
5	7	2	3	6	1	4	8	9
4	6	9	8	2	7	1	5	3
8	5	3	2	1	6	7	9	4
1	4	7	5	9	8	3	6	2
2	9	6	7	4	3	8	1	5

162

7	2	1	5	3	9	8	4	6
8	9	5	6	7	4	3	1	2
4	3	6	2	1	8	9	5	7
2	6	8	3	5	1	7	9	4
9	7	3	4	2	6	1	8	5
1	5	4	8	9	7	6	2	3
6	8	9	7	4	2	5	3	1
5	1	2	9	6	3	4	7	8
3	4	7	1	8	5	2	6	9

163

4	6	1	7	5	9	2	3	8
5	7	3	8	2	4	1	6	9
9	2	8	3	1	6	4	7	5
1	4	6	9	3	8	7	5	2
8	9	7	5	6	2	3	4	1
3	5	2	1	4	7	8	9	6
6	8	4	2	7	5	9	1	3
7	3	9	6	8	1	5	2	4
2	1	5	4	9	3	6	8	7

164

4	9	6	5	8	3	2	1	7
2	1	7	9	4	6	5	3	8
3	5	8	1	7	2	6	9	4
6	2	9	4	3	1	8	7	5
8	4	5	7	6	9	3	2	1
1	7	3	2	5	8	9	4	6
9	6	2	8	1	4	7	5	3
5	8	4	3	2	7	1	6	9
7	3	1	6	9	5	4	8	2

165

2	1	8	3	9	5	6	4	7
9	5	4	7	2	6	3	8	1
7	6	3	8	4	1	9	5	2
4	3	9	1	8	7	5	2	6
6	8	2	4	5	3	7	1	9
5	7	1	9	6	2	8	3	4
3	2	5	6	7	4	1	9	8
8	4	6	5	1	9	2	7	3
1	9	7	2	3	8	4	6	5

166

8	6	7	4	2	3	1	9	5
1	4	3	5	8	9	2	6	7
5	9	2	7	1	6	3	4	8
2	8	5	3	6	7	4	1	9
4	3	9	2	5	1	7	8	6
7	1	6	8	9	4	5	3	2
9	7	1	6	3	2	8	5	4
6	5	4	1	7	8	9	2	3
3	2	8	9	4	5	6	7	1

167

5	3	7	9	4	2	6	8	1
8	6	9	1	7	3	5	4	2
2	1	4	5	8	6	7	9	3
6	9	2	8	1	5	4	3	7
1	4	8	3	2	7	9	6	5
3	7	5	4	6	9	1	2	8
9	8	6	7	3	1	2	5	4
7	5	3	2	9	4	8	1	6
4	2	1	6	5	8	3	7	9

168

9	1	7	5	4	3	8	6	2
4	5	8	2	6	1	3	9	7
2	3	6	8	9	7	4	5	1
8	7	9	1	2	5	6	4	3
3	6	1	9	7	4	5	2	8
5	2	4	3	8	6	1	7	9
6	4	2	7	1	8	9	3	5
7	8	3	6	5	9	2	1	4
1	9	5	4	3	2	7	8	6

169

3	4	6	5	7	9	2	8	1
9	8	5	2	6	1	7	4	3
2	1	7	8	3	4	6	9	5
5	6	2	9	1	3	8	7	4
7	3	8	6	4	5	9	1	2
4	9	1	7	2	8	3	5	6
8	5	3	4	9	6	1	2	7
6	7	9	1	5	2	4	3	8
1	2	4	3	8	7	5	6	9

170

8	7	3	4	1	2	5	6	9
2	1	5	3	9	6	8	4	7
4	9	6	8	7	5	1	3	2
9	2	4	5	3	1	6	7	8
6	3	1	9	8	7	4	2	5
7	5	8	6	2	4	3	9	1
5	6	7	2	4	8	9	1	3
1	8	9	7	6	3	2	5	4
3	4	2	1	5	9	7	8	6

171

3	1	9	7	2	5	6	8	4
2	4	7	8	1	6	9	5	3
8	5	6	9	3	4	2	7	1
6	7	4	5	9	3	1	2	8
1	3	5	2	6	8	7	4	9
9	8	2	4	7	1	3	6	5
7	2	8	3	4	9	5	1	6
5	6	3	1	8	7	4	9	2
4	9	1	6	5	2	8	3	7

172

9	2	5	1	8	3	7	4	6
7	1	6	5	2	4	3	9	8
3	8	4	7	9	6	2	1	5
2	6	9	3	7	8	1	5	4
8	3	7	4	1	5	9	6	2
5	4	1	2	6	9	8	3	7
4	9	2	8	5	1	6	7	3
6	7	3	9	4	2	5	8	1
1	5	8	6	3	7	4	2	9

173

6	5	7	9	4	3	2	8	1
3	4	2	1	7	8	5	6	9
8	1	9	2	6	5	4	3	7
1	3	8	4	5	6	7	9	2
9	2	4	7	3	1	8	5	6
5	7	6	8	2	9	3	1	4
7	8	1	3	9	4	6	2	5
4	9	5	6	8	2	1	7	3
2	6	3	5	1	7	9	4	8

174

3	9	8	7	1	6	5	2	4
6	1	2	4	5	3	8	7	9
4	7	5	8	9	2	1	6	3
2	4	7	1	3	5	6	9	8
5	8	9	6	7	4	2	3	1
1	6	3	9	2	8	7	4	5
7	5	4	3	6	1	9	8	2
8	2	6	5	4	9	3	1	7
9	3	1	2	8	7	4	5	6

175

Puzzle 25 (Hard, difficulty rating 0.70)

4	9	3	1	5	7	6	2	8
6	5	8	4	2	3	7	1	9
1	2	7	6	9	8	5	3	4
2	3	6	7	8	4	1	9	5
8	1	4	9	3	5	2	7	6
9	7	5	2	1	6	8	4	3
7	4	1	5	6	9	3	8	2
5	8	2	3	4	1	9	6	7
3	6	9	8	7	2	4	5	1

176

Puzzle 26 (Hard, difficulty rating 0.65)

3	6	8	1	7	9	2	5	4
9	4	2	8	6	5	1	7	3
1	7	5	2	4	3	6	8	9
6	1	9	7	5	4	3	2	8
7	5	4	3	8	2	9	1	6
2	8	3	9	1	6	5	4	7
5	9	1	4	3	8	7	6	2
8	2	6	5	9	7	4	3	1
4	3	7	6	2	1	8	9	5

177

Puzzle 27 (Hard, difficulty rating 0.65)

1	8	7	6	3	4	2	5	9
4	3	5	2	7	9	1	8	6
6	9	2	8	5	1	3	4	7
5	2	8	1	6	3	7	9	4
3	4	1	5	9	7	6	2	8
9	7	6	4	8	2	5	3	1
2	6	9	7	4	5	8	1	3
8	1	3	9	2	6	4	7	5
7	5	4	3	1	8	9	6	2

178

4	1	2	8	3	5	6	7	9
8	9	6	1	2	7	3	5	4
7	3	5	4	6	9	1	2	8
6	7	4	9	5	1	8	3	2
9	2	8	3	7	6	4	1	5
1	5	3	2	4	8	9	6	7
3	8	9	5	1	2	7	4	6
5	4	7	6	9	3	2	8	1
2	6	1	7	8	4	5	9	3

179

6	9	8	4	3	7	2	1	5
5	1	2	6	8	9	3	7	4
4	7	3	2	5	1	6	8	9
2	8	1	7	4	5	9	3	6
3	6	9	8	1	2	5	4	7
7	5	4	3	9	6	8	2	1
1	2	7	5	6	3	4	9	8
9	4	5	1	2	8	7	6	3
8	3	6	9	7	4	1	5	2

180

1	2	3	8	7	9	5	6	4
8	5	4	2	6	3	9	7	1
6	9	7	1	4	5	3	8	2
7	1	5	9	3	6	2	4	8
9	6	2	5	8	4	7	1	3
3	4	8	7	2	1	6	5	9
2	8	6	3	1	7	4	9	5
4	3	9	6	5	8	1	2	7
5	7	1	4	9	2	8	3	6

181

2	5	9	8	4	1	7	3	6
7	3	4	5	6	9	1	2	8
8	1	6	2	3	7	4	9	5
5	4	2	1	8	6	9	7	3
9	8	1	7	5	3	6	4	2
3	6	7	9	2	4	8	5	1
4	7	3	6	1	2	5	8	9
1	2	5	4	9	8	3	6	7
6	9	8	3	7	5	2	1	4

182

7	2	3	8	9	4	6	5	1
6	5	9	1	2	3	8	4	7
4	1	8	5	7	6	9	2	3
8	6	7	9	1	5	2	3	4
1	3	5	4	6	2	7	8	9
2	9	4	7	3	8	5	1	6
3	8	1	6	5	7	4	9	2
5	7	2	3	4	9	1	6	8
9	4	6	2	8	1	3	7	5

183

9	3	1	8	7	2	5	6	4
8	2	6	5	4	3	1	9	7
5	4	7	6	9	1	2	3	8
4	8	2	7	6	9	3	1	5
6	7	3	4	1	5	9	8	2
1	5	9	2	3	8	4	7	6
7	9	8	1	2	4	6	5	3
3	6	4	9	5	7	8	2	1
2	1	5	3	8	6	7	4	9

184

2	3	4	8	6	7	1	5	9
5	6	9	3	1	4	8	7	2
7	8	1	2	9	5	3	6	4
8	2	7	5	4	1	6	9	3
4	1	5	9	3	6	7	2	8
3	9	6	7	2	8	5	4	1
6	5	3	4	8	2	9	1	7
9	7	2	1	5	3	4	8	6
1	4	8	6	7	9	2	3	5

185

2	5	4	9	6	3	8	7	1
1	8	6	5	2	7	9	3	4
7	9	3	4	1	8	2	6	5
4	3	5	7	8	9	6	1	2
9	6	2	1	4	5	7	8	3
8	7	1	2	3	6	4	5	9
3	2	7	6	9	1	5	4	8
6	1	9	8	5	4	3	2	7
5	4	8	3	7	2	1	9	6

186

6	1	5	3	2	7	9	4	8
2	9	7	4	5	8	6	3	1
8	3	4	6	1	9	5	2	7
1	7	2	8	6	4	3	9	5
5	6	9	7	3	1	2	8	4
3	4	8	2	9	5	7	1	6
9	8	6	5	4	3	1	7	2
4	2	1	9	7	6	8	5	3
7	5	3	1	8	2	4	6	9

187

4	9	1	7	8	3	5	2	6
7	8	6	1	5	2	4	9	3
2	3	5	6	4	9	8	7	1
1	5	7	9	6	8	3	4	2
3	4	8	2	7	1	9	6	5
9	6	2	5	3	4	7	1	8
8	1	3	4	9	6	2	5	7
5	2	9	3	1	7	6	8	4
6	7	4	8	2	5	1	3	9

188

3	2	1	4	6	9	5	7	8
6	5	9	8	7	2	3	1	4
8	4	7	5	3	1	9	6	2
4	6	2	3	9	5	1	8	7
9	1	5	7	2	8	4	3	6
7	3	8	1	4	6	2	9	5
1	8	6	2	5	3	7	4	9
5	9	4	6	1	7	8	2	3
2	7	3	9	8	4	6	5	1

189

1	4	5	7	9	2	8	3	6
3	7	6	5	8	4	1	9	2
2	9	8	3	6	1	7	5	4
7	3	1	9	2	8	6	4	5
8	5	9	6	4	7	3	2	1
4	6	2	1	3	5	9	8	7
6	2	4	8	7	3	5	1	9
5	8	7	4	1	9	2	6	3
9	1	3	2	5	6	4	7	8

190

2	6	4	7	8	5	3	1	9
5	7	8	9	1	3	6	4	2
9	3	1	4	2	6	8	7	5
4	1	9	5	6	8	7	2	3
6	8	5	2	3	7	4	9	1
7	2	3	1	4	9	5	8	6
8	5	2	6	9	4	1	3	7
1	4	7	3	5	2	9	6	8
3	9	6	8	7	1	2	5	4

191

4	9	1	6	3	8	7	2	5
7	8	2	1	5	4	6	9	3
5	6	3	7	9	2	1	4	8
3	1	4	5	6	9	2	8	7
9	7	8	2	4	1	5	3	6
2	5	6	8	7	3	9	1	4
1	2	5	3	8	6	4	7	9
8	4	7	9	2	5	3	6	1
6	3	9	4	1	7	8	5	2

192

6	5	2	8	1	7	3	4	9
9	4	8	6	3	2	1	5	7
1	7	3	4	9	5	8	2	6
3	2	5	1	6	9	7	8	4
7	8	1	2	5	4	6	9	3
4	6	9	7	8	3	2	1	5
8	1	7	5	4	6	9	3	2
2	9	4	3	7	1	5	6	8
5	3	6	9	2	8	4	7	1

193

6	4	1	8	3	7	5	2	9
3	9	7	6	2	5	8	1	4
2	5	8	9	4	1	6	7	3
8	6	3	4	7	9	1	5	2
4	7	5	3	1	2	9	6	8
9	1	2	5	8	6	3	4	7
7	2	6	1	9	8	4	3	5
1	8	4	2	5	3	7	9	6
5	3	9	7	6	4	2	8	1

194

2	3	7	8	4	6	1	9	5
4	9	8	1	5	3	6	2	7
6	5	1	7	9	2	3	4	8
5	8	9	3	2	1	4	7	6
7	2	4	5	6	8	9	1	3
1	6	3	4	7	9	8	5	2
9	1	2	6	3	5	7	8	4
8	7	6	2	1	4	5	3	9
3	4	5	9	8	7	2	6	1

195

3	1	7	5	9	4	6	8	2
2	6	8	1	3	7	5	4	9
5	4	9	6	8	2	3	7	1
1	8	6	3	4	5	9	2	7
7	2	3	9	6	1	8	5	4
4	9	5	7	2	8	1	3	6
8	3	4	2	1	9	7	6	5
6	7	1	4	5	3	2	9	8
9	5	2	8	7	6	4	1	3

196

5	9	7	2	4	6	8	3	1
8	1	4	7	5	3	2	6	9
2	3	6	8	1	9	5	4	7
1	2	5	6	8	7	4	9	3
6	4	9	5	3	2	7	1	8
7	8	3	1	9	4	6	5	2
3	5	1	4	2	8	9	7	6
9	6	2	3	7	5	1	8	4
4	7	8	9	6	1	3	2	5

197

3	6	9	4	2	8	5	7	1
8	4	7	5	1	3	2	9	6
5	1	2	6	7	9	4	8	3
6	7	8	9	3	5	1	4	2
1	9	5	7	4	2	6	3	8
4	2	3	1	8	6	7	5	9
7	8	4	3	6	1	9	2	5
9	3	6	2	5	4	8	1	7
2	5	1	8	9	7	3	6	4

198

1	4	3	6	2	9	5	7	8
7	8	6	3	5	1	4	9	2
5	9	2	7	4	8	3	1	6
6	7	5	4	1	3	8	2	9
3	1	8	2	9	6	7	4	5
4	2	9	8	7	5	1	6	3
9	6	1	5	3	4	2	8	7
8	3	7	1	6	2	9	5	4
2	5	4	9	8	7	6	3	1

199

5	1	7	9	2	3	8	6	4
2	4	6	8	7	5	9	1	3
9	8	3	6	1	4	2	5	7
7	9	2	1	5	6	4	3	8
4	3	5	2	8	7	1	9	6
8	6	1	3	4	9	5	7	2
1	5	4	7	6	2	3	8	9
6	2	9	5	3	8	7	4	1
3	7	8	4	9	1	6	2	5

200

6	3	8	1	2	9	7	5	4
1	4	9	7	5	8	3	6	2
5	7	2	4	6	3	8	9	1
8	2	5	9	7	1	6	4	3
9	6	3	5	4	2	1	7	8
7	1	4	8	3	6	9	2	5
4	8	6	3	9	5	2	1	7
2	5	1	6	8	7	4	3	9
3	9	7	2	1	4	5	8	6